PETIT MANUEL
D'AGRICULTURE

GÉNÉRALE

A L'USAGE DES ÉLÈVES DES ÉCOLES PRIMAIRES

Fondé sur les expériences contrôlées de la chimie moderne

PAR

J.-P.-LÉON PÉRIER

Officier de l'Instruction publique ;
Membre correspondant de l'Académie de Médecine de Paris ;
Ancien Professeur-Agrégé et Maître de Conférences à la Faculté de Médecine
et de Pharmacie de Bordeaux ;
Membre de la Chambre consultative d'Agriculture
et du Conseil d'hygiène de l'arrondissement de Lesparre, etc.

BORDEAUX

IMPRIMERIE G. GOUNOUILHOU

11, rue Guiraude, 11.

1888

Droits de propriété et de traduction réservés.

PETIT MANUEL

D'AGRICULTURE GÉNÉRALE

A L'USAGE DES ÉLÈVES DES ÉCOLES PRIMAIRES

Fondé sur les expériences contrôlées de la chimie moderne

CHAPITRE Ier

SOL ET SOUS-SOL

De l'agriculture. — L'agriculture est la *science qui recherche les moyens d'obtenir les produits végétaux, de la manière la plus parfaite et la plus économique* [1].

Les produits végétaux provenant de la terre, se livrer à l'agriculture est, par conséquent, s'occuper de *cultiver la terre*.

Or, on ne peut s'occuper fructueusement d'un travail quelconque, sans avoir une idée de l'ouvrage que l'on veut entreprendre et des moyens que l'on doit employer. On ne monte pas un meuble avec habileté, sans connaître les parties de ce

---

[1] DE GASPARIN, *Cours d'agric.*, 3ᵉ édit. Introduction, t. I.

meuble, ni sans avoir adopté un plan d'assemblage. De même, le bon agriculteur est obligé de connaître les éléments de sa terre et les moyens d'en tirer profit, avant d'ensemencer ou de planter.

Sol arable. — D'une façon générale, le sol est la partie extérieure de la terre que nous foulons aux pieds. Pareillement, en agriculture, le sol est la *couche supérieure des terrains agricoles* [1].

L'usage très ancien de la charrue appliqué aux travaux des champs a fait donner le nom de *sol arable*, ou de *terre arable*, à cette couche supérieure, en raison de l'appellation de l'instrument (*l'araire des Romains*). Puis, comme le sol arable est le milieu le plus favorable dans lequel les végétaux puissent se développer, on a fini par confondre les mots de *sol arable*, de *terre arable* et de *terre végétale* [2].

Sol. — L'épaisseur du *sol* est très variable; elle mesure, habituellement, quelques décimètres, comme elle peut se réduire à quelques centimètres ou dépasser un mètre; mais la couche qui représente le sol demeure constamment *formée d'éléments semblables, sur un point donné.*

Sous-Sol. — Dès qu'au-dessous du *sol* l'œil saisit un changement dans la couleur, ou dans la

---

[1] LITTRÉ, *Dict. de la langue franç.*, t. IV, art. *Sol*, p. 1963.

[2] Il y a cependant des nuances marquées à observer : ainsi, le nom de *terre végétale* appartient plutôt au mélange que l'on connaîtra bientôt sous la désignation d'*humus*. D'autre part, un sol de granite, au milieu duquel se détacheraient, çà et là, quelques filons de terre meuble, ne pourrait être appelé un sol arable (attaquable par la charrue); etc., etc.

qualité des matériaux mis à jour par une tranchée du terrain, le *sous-sol* commence. (*Voir* note 2, nº 2.)

Le *sol* et le *sous-sol* ont, on le voit, une composition différente. Cependant comme le premier repose immédiatement sur le second, il en dérive fort souvent. Dans ce cas, la distinction entre les deux terrains est moins facile à saisir, sans jamais être impossible. (*Voir* note 2, nº 1.)

Ce qui précède démontre que le *sol* est formé d'une couche unique ([1]).

Il n'en est plus ainsi du *sous-sol*, dans lequel de nombreuses assises peuvent se succéder; tant qu'une couche imperméable aux eaux (banc d'argile, banc de calcaire, etc.) ne se présente pas, la terre,

---

([1]) Quelques agronomes subdivisent le *sol agricole* en sol actif, qui reçoit les labours; et en *sol vierge*, non entamé par la culture, quoique de nature identique au *sol actif*.

([2]) Exemples :

1º Sable graveleux........	0ᵐ20	sol.
Gravier sablonneux....	0ᵐ25	sous-sol.
Argile en banc........		couche imperm.
2º Argile...............	0ᵐ15	sol.
Sable argileux........	0ᵐ06	sous-sol.
Argile en banc........		couche imperm.
3º Calcaire.............	0ᵐ20	sol.
Calcaire argileux.......	0ᵐ30	sous-sol.
Calcaire en banc.......		couche imperm.
4º Terre d'alluvion.....	0ᵐ12	sol.
Banc de silex........		couche imperm.
		(Pas de sous-sol).
5º Sable argileux........	0ᵐ30	sol.
Argile siliceuse........	0ᵐ40	
Sable calcaire........	0ᵐ10	sous-sol
Calcaire marneux......	0ᵐ50	
Banc calcaire..........		couche imperm.

en effet, continue à garder le nom de *sous-sol*. (*Voir* note 2, nº 5, page 6.)

Couche imperméable. — La rencontre de la couche imperméable indique donc le point où s'arrête le *sous-sol*.

Le *sous-sol* étant compris entre le *sol* et la *couche imperméable*, il résulte de ce fait qu'il n'existera pas de *sous-sol*, toutes les fois que la première couche superficielle du terrain portera directement sur une assise imperméable. (*Voir* note 2, nº 4, page 5.)

Importance du sous-sol. — La contiguïté habituelle du sol et du sous-sol (car il est rare que le sous-sol agricole manque) fait pressentir les ressources que l'agriculture puise presque toujours dans celui-ci.

Avec une profondeur de sol trop réduite pour les nécessités d'une culture donnée, un sous-sol peu différent de la couche supérieure suppléera au défaut d'épaisseur de cette couche. (*Voir* note 2, nº 1, page 5.) Ou bien, un vigoureux coup de charrue mélangera sur place, si le sous-sol est différent et bon, des éléments qu'on eût été forcé d'aller chercher ailleurs.

Un sous-sol opposé, par ses qualités, au sol qui le recouvre, corrigera les défauts du sol, ou compromettra les récoltes que le cultivateur aura confiées à la terre, sous de trompeuses apparences.

Le défoncement d'un sol aride pourra mettre à découvert des couches fertiles, de même qu'à son tour, une assise du sous-sol peu filtrante, mais peu épaisse, rendra, par un semblable défoncement, le champ moins humide et beaucoup plus productif.

Le sous-sol est donc fréquemment le correcteur du sol, et l'un des agents mis à la disposition de l'agriculteur, *pour obtenir les produits végétaux, de la manière la plus parfaite et la plus économique,* ainsi que nous le disions au début, en définissant l'agriculture avec M. de Gasparin.

CHAPITRE II

PRINCIPAUX ÉLÉMENTS DES TERRES ARABLES

Formation de la terre. — Dans l'examen des principaux composants des terrains agricoles (*terres arables, sols arables*, etc.), nous n'avons pas à faire de distinction entre le sol et le sous-sol, attendu que chaque couche est susceptible de contenir les éléments constitutifs des autres.

Le mélange général de ces éléments, mélange qui se présente dans les proportions les plus diverses, se comprend sans difficulté, lorsque l'on sait que les terrains, peu importe leur nature, ont, tous, une origine commune.

Toutes les terres, ensemencées ou non ensemencées, fertiles ou stériles, dures ou tendres, sèches ou humides, etc., proviennent de la décomposition (désagrégation) des matières qui ont formé, les premières, il y a des millions de siècles, la croûte solide de notre globe *(la Terre)*.

Les faits démontrent que la *Terre* a été autrefois une masse liquide, en fusion ignée. Une croûte que l'on peut comparer, pour son épaisseur actuelle, à la peau d'une orange, s'est formée, à la longue, par le refroidissement extérieur de la masse. Cette croûte, devenue un jour plus ou moins froide, a été crevassée, bouleversée maintes fois, attaquée, rongée, dissoute en partie, de différentes façons; et les eaux, qui ont beaucoup contribué à la décomposition, ont déposé, çà et là, les matériaux qu'elles avaient enlevés à la croûte, absolument comme nous les voyons procéder à l'égard de nos champs, après une inondation, ou abandonné leurs matières en dissolution, sur les bords des fontaines incrustantes. Puis des poussées formidables, appelées *soulèvements*, venues de l'intérieur du globe, ont mis au grand jour une partie des dépôts jusque-là cachés par les eaux, et finalement des débris de plantes, des matières animales se sont accumulés sur certains points, et se sont mêlés aux débris rocheux abandonnés par les eaux. Telle est l'origine des terrains en général, et particulièrement, des terrains agricoles (¹).

Éléments des terres arables. — Néanmoins, entre tant de substances que l'on pourrait trouver dans une terre labourable, depuis les plus communes jusqu'aux plus précieuses (²), les véritables composants du terrain se réduisent, par suite de l'élimination des matières accidentelles ou rares, à un très petit nombre de corps qu'il est facile de connaître.

Ces éléments de la terre végétale (sol et sous-sol) sont, indépendamment de l'eau, de l'air et de quelques autres gaz :

1º Le sable ordinaire ;

2º L'argile ;

3º Le calcaire ;

(¹) Quelques passages de ce manuel, imprimés en petit caractère, forment, avec les notes, un cours supplémentaire dont les débutants n'ont pas à se préoccuper s'ils le veulent.

(²) Les terrains d'alluvions de la Garonne (près de Toulouse), de l'Hérault (près de Montpellier), ceux de l'Ariége, etc., renferment des paillettes d'or. Au Brésil on trouve des diamants, au milieu d'amas de graviers cimentés par des argiles.

4° Les sels minéraux ;

5° Le terreau.

Sable ordinaire. — Le sable provient du broiement de matériaux plus gros, de même nature que lui, et qui comprennent : les graviers, les cailloux, les blocs de rochers.

Par exemple, l'action des agents atmosphériques (l'air, l'eau, les gelées, l'électricité, etc.) a détaché d'une montagne, des blocs de rochers. Les blocs, lancés dans les torrents, ont été roulés par la force des eaux ; ils se sont brisés, se sont usés par le frottement et ont pris la dimension de gros cailloux. Les cailloux sont devenus des graviers, dans les rivières où les torrents se jettent ; et les graviers, toujours roulés, comme les blocs et les cailloux, ont fini par se transformer en petits grains qui ont constitué le sable.

Le sable résulte donc de l'usure des matériaux de la Terre (globe terrestre) et toute espèce de substance dure est susceptible de produire du sable (¹), mais on comprend plus particulièrement, sous ce nom, les débris des roches quartzeuses ou siliceuses.

Le sable quartzeux ou siliceux ; les cailloux ordinaires ; les cailloux d'une beauté remarquable appelés *cailloux du Médoc* et que l'on taille en faux brillants ; la *pierre à fusil* (silex pyromaque) ; les billes à jouer en *agate* ; le *cristal de roche* ; les objets en *cornaline*, en *calcédoine*, en *onyx* ; la *pierre des meules* de moulin (pierre meulière) ; la matière rugueuse que la main perçoit en touchant la paille de blé et certaines herbes des prairies ; la

______

(¹) Il y a des sables calcaires (roches calcaires broyées), des sables coquilliers (coquilles brisées et roulées par la mer), etc.

matière luisante de l'épiderme du *Rotang à canne* ou *jonc de l'Inde*, etc., ne sont formés que d'une seule et même substance, soit pure, soit diversement colorée par des oxydes métalliques et qui est la *silice* ou *acide silicique*.

Sous forme de sable et de graviers, la silice est insoluble dans l'eau. Elle joue le rôle de diviseur mécanique du terrain dans les sols trop compactes et facilite le travail de l'homme et des instruments aratoires.

Elle devient soluble, au contraire, lorsqu'elle sort de l'une de ses combinaisons, qui sont très nombreuses dans l'intérieur de la terre [1]. Sous cette seconde forme, elle pénètre dans le corps des plantes et donne de la résistance aux parties herbacées : elle empêche le blé de se coucher *(de verser)* par les temps de pluies persistantes, etc.

Argile. — L'argile est un composé insoluble et très compacte de silice et d'un autre corps nommé *alumine*. Elle provient d'un dédoublement de plusieurs roches [2], aussi riches en alcalis qu'en éléments argileux. Aussi les argiles contiennent-elles une petite quantité d'alcalis, en même temps que de l'alumine libre et soluble, principes qu'elles cèdent

[1] Les fontaines d'eau chaude intermittentes de l'Islande (les célèbres *geysers*) déposent en abondance, sur les bords de leurs puits d'échappement, de la silice en gelée, enlevée aux roches de l'intérieur de la terre. (Voir : PELOUZE et FREMY, *Traité de chimie générale*, t. I, p. 103.)

[2] Ces roches — les feldspaths — sont des silicates d'alumine (acide silicique et alumine) combinés à des silicates alcalins ou alcalino-terreux (acide silicique et potasse, ou soude, ou chaux, etc.). Le dédoublement laisse, d'un côté, de l'argile ; de l'autre, un sel, que les eaux entraînent.

aux plantes et dont les premiers ont une importance capitale.

Les argiles sont généralement colorées par du fer oxydé. Elles happent à la langue. A défaut d'essai chimique, on a recours à ce petit caractère de reconnaissance, qui se joint à l'observation de la pâte liante que ce genre de terre donne sous l'influence de l'eau. Il y a des argiles blanches : celles-là sont assez pures et réservées pour les usages industriels; la qualité extra pure est représentée par le kaolin ([1]).

Les alcalis (potasse, soude) et l'alumine ([2]) de l'argile ne se retrouvent qu'avec le secours de la chimie, tandis que l'argile elle-même est aussitôt reconnue par tout le monde, aussi bien que le sable. Il est donc inutile d'insister sur ce sujet.

Calcaire. — On appelle vulgairement *calcaire*, ou *chaux*, le *carbonate de chaux* (chaux carbonatée), et *calcaire magnésien*, la *magnésie carbonatée* plus ou moins mélangée de chaux.

La chaux carbonatée, formée de chaux et d'*acide carbonique*, est abondamment répandue dans la

---

([1]) La porcelaine de Chine est du kaolin modelé et cuit au four. La France possède de beaux gisements de kaolin, près de Limoges, à Saint-Yrieix.

Les porcelaines, le *biscuit* de Sèvres, se préparent avec des argiles blanches; la *terre à pipe* est une seconde qualité incolore; l'*ocre rouge* des peintres est une argile ferrugineuse; les poteries communes, les carreaux, les tuiles des toits, les briques, les drains, sont des argiles colorées, privées de cailloux et cuites.

L'agriculture utilise l'argile en nature, pour construire des bassins étanches, avec économie.

([2]) Le *saphir*, le *rubis*, la *topaze*, l'*émeraude*, etc., ne sont que de l'alumine cristallisée, insoluble.

terre sous les formes les plus diverses. Les terrains où elle manque complétement sont assez rares, ceux où elle domine sont, au contraire, très répandus.

On reconnaît promptement, à leur teinte blanchâtre, ou blanc-roux, etc., les composés calcaires et les composés magnésiens, dont nous ne séparerons pas l'histoire, en raison de leur rôle en agriculture, car les uns et les autres ont une grande disposition à se suppléer. On les essaie facilement en versant sur quelques grammes de matière, du vinaigre fort, de l'esprit de sel *(acide chlorhydrique)*, ou un acide quelconque. Un bouillonnement s'opère et un gaz piquant, mais non désagréable à l'odorat, se dégage de la prise d'essai, aussitôt que l'acide a touché la masse.

Le calcaire mêlé aux terrains sablonneux leur donne de la résistance : les racines des plantes s'assujettissent mieux. Il modifie la perméabilité des terrains argileux et enlève l'âcreté des terrains acides. Il absorbe les gaz et provoque la formation des nitrates. Il fournit aux plantes la chaux qui leur est souvent indispensable.

Pour se convaincre de la profusion du calcaire dans les couches terrestres, il suffit de savoir que ce corps comprend : la *pierre à bâtir*, la *pierre à chaux* des constructeurs, la *pierre lithographique;* les *moellons;* le *marbre*, la *craie*, le *blanc d'Espagne*, l'*albâtre*, etc., et que le *sulfate de chaux* (pierre à plâtre) et la marne appartiennent aussi à la famille de la chaux.

Il est bon, néanmoins, de s'habituer à distinguer

la *chaux* proprement dite, de ses composés, sans cela on peut commettre des erreurs préjudiciables (¹) :

1° Le *carbonate de chaux* (chaux carbonatée, pierre à chaux, etc.), calciné au four, perd un de ses deux composants (*l'acide carbonique*) et devient *chaux caustique* (chaux des chimistes, ou *chaux vive*).

2° La *chaux vive*, arrosée d'eau peu à peu, s'échauffe, fume à l'air, foisonne (augmente de volume) et se délite (tombe en poussière) (²); c'est alors la *chaux éteinte*, ou *chaux hydratée;* dans cette opération, la chaux vive a absorbé un quart de son poids d'eau (³).

3° La *chaux éteinte*, délayée dans une quantité d'eau suffisante, forme une pâte liante, qui est la *chaux grasse*, nom qui est aussi donné souvent à la chaux vive de première qualité, ce qui entraîne une confusion.

4° La *chaux grasse*, ou la *chaux éteinte*, en suspension dans une grande quantité d'eau, donnent le *lait de chaux*, employé, avec le vitriol bleu, dans le traitement du *Mildew* et du *Black-rot*.

Sels minéraux. — Les sels minéraux que con-

____

(¹) Le traitement du *mildew* en a fourni la preuve.

(²) La pierre à chaux contient souvent des parties argileuses, ou des rognons, que la chaleur du four n'a pas décomposés; ces fragments, nommés *incuits*, nuisent au foisonnement et au *délitement*.

(³) La bonne chaux éteinte ne dégage pas d'acide carbonique sous l'influence des acides. Cependant, il est bien rare, dans la pratique agricole, que l'on arrive à cette perfection, d'autant mieux que la *chaux vive* s'altère à l'air et revient, avec le temps, à son état primitif de chaux carbonatée.

tient le sol (sol et sous-sol), ne sont autre chose que des composés de chaux, de magnésie, de potasse, de soude, d'alumine, de fer et de manganèse, avec quelques acides que l'occasion pourra faire connaître plus intimement et qui sont, avec la *silice* : l'*acide carbonique*, l'*acide chlorhydrique*, (esprit de sel); l'*acide nitrique* (eau forte des graveurs), l'*acide sulfurique* (huile de vitriol, ou vitriol de l'industrie) et l'*acide phosphorique*.

Il n'est pas un de ces composés qui ne joue un rôle important en agriculture et il n'existe personne qui ne connaisse, au moins de nom, en dehors des carbonates que nous venons de rencontrer si souvent :

Les *chlorures*, représentés par le sel marin ou sel de cuisine (*chlorure de sodium*);

Les *azotates*, ou *nitrates*, dont le nitre ou salpêtre (*nitrate de potasse*) est le type;

Les *sulfates*, que le plâtre (*sulfate de chaux*) aide à graver dans la mémoire;

Les *phosphates*, sans lesquels nous n'existerions pas, attendu que nos os contiennent plus de la moitié de leur poids de phosphate de chaux.

Humus ou Terreau. — Nous avons omis, avec intention, dans l'énumération des principaux sels minéraux du sol, les composés ammoniacaux; c'est que leur place est plutôt au milieu du terreau.

Le *terreau* prime tous les autres éléments du sol, parce qu'il les renferme tous, sous une forme spéciale.

L'*humus* ou *terreau* est le produit ultime de

l'usure du sol minéral, mêlé aux débris résultant de la décomposition des plantes et des animaux. A force de remaniements naturels et de réactions intérieures, l'humus n'est plus ni du sable, ni de l'argile, ni de la chaux, ni de la matière végétale, ni de la matière animale, mais bien l'*humus*, la véritable *terre végétale*.

L'humus se produit incessamment et deviendrait, sans les pertes incessantes qu'il éprouve, la couche la plus puissante du globe. Il est brun, en partie soluble dans l'eau (¹), et répandu au milieu des autres éléments, ou en strates isolées dans les terrains vierges. Il contient de nombreux sels, beaucoup d'acide carbonique et de produits ammoniacaux ; son acide carbonique rend les phosphates et le calcaire solubles, pendant que les sels ammoniacaux cèdent leurs gaz azotés aux plantes.

Ce corps va nous conduire à la classification des sols, suivant la prédominance des quatre éléments fondamentaux : *sable, argile, calcaire* et *humus* (²).

(¹) Les sels minéraux se trouvant habituellement disséminés et se formant souvent dans le terrain, ne peuvent servir de base à une classification aussi élémentaire que celle qu'exige notre petit ouvrage de vulgarisation.

(²) M. de Gasparin réserve le nom d'*humus* à la partie soluble du terreau.

CHAPITRE III

TERRAINS AGRICOLES

Terrain de sable. — Le sable quartzeux pur (*sable siliceux, silice, sable*), accumulé en grande épaisseur, donne un terrain presque aride, où ne végètent que quelques plantes spéciales. Telles sont les dunes du littoral des *Landes de Gascogne*, avec leurs pins, leurs genêts, etc. Il faudrait charger ce terrain d'engrais. Peut-être les engrais chimiques parviendront-ils à le rendre productif.

Terrain sablonneux. — Trop abondant, sans constituer entièrement le sol et le sous-sol, le sable laisse filtrer trop rapidement les eaux et occasionne, sans profit, l'épuisement du champ cultivé : l'eau entraîne les matières nutritives, après les avoir dissoutes ; ou bien, par les temps secs, la mobilité du sol donne prise au vent, qui soulève les couches superficielles et déchausse les racines végétales.

Terrain de graves. — Sous forme de petits cailloux roulés, la silice mêlée de sable et d'humus concourt à former les terrains de graves (*les graves*) (¹). Elle emmagasine la chaleur du soleil, au grand bénéfice de la végétation et de la production

---

(¹) L'*alios* du sous-sol des Landes est un *grès quartzeux* en formation. L'*alios* du Médoc est tantôt un grès, tantôt un mélange graveleux appelé *poudingue*.

délicate des récoltes, ainsi que le démontre une partie des terres du département de la Gironde complantées en vigne.

Terrain argileux. — L'argile sans mélange est un sol aussi triste que le sable pur. Elle est envahie par les *Tussilages* et autres plantes de peu de valeur agricole, sinon complétement inutiles.

Terrain argilo-siliceux. — Lorsqu'elle se contente de dominer nettement dans un terrain contenant du sable, l'argile communique au sol ses caractères extérieurs, en même temps que ses défauts et ses qualités.

Les terrains argileux mêlés naturellement d'un peu de sable, etc., ont néanmoins un aspect bleuâtre, ou jaunâtre, ou rougeâtre, comme l'argile, et une physionomie aussi grasse, aussi pâteuse, que les terrains sablonneux paraissent maigres et sans consistance. Ils embourbent la chaussure et le soc de la charrue, dans les temps humides. Ils résistent vivement à la pioche, durant les grandes sécheresses, moment où ils se fendillent cependant par retrait.

On trouve ainsi, dans le sol argileux, une eau surabondante qui expose les racines de la plante à pourrir, mais qui, dans les années trop sèches, maintient, beaucoup plus longtemps que le sable, les végétaux dans un milieu humide et par conséquent favorable.

Le terrain est cependant toujours difficile à remuer, en hiver comme en été, et s'oppose à la sortie des germes, dès qu'il durcit. Telles sont les *terres fortes (glaises, boulbènes)*.

D'autre part, les agriculteurs éclairés ont constaté que l'argile condense, par ses propriétés absorbantes, les premiers matériaux utiles des fumures qu'elle reçoit, mais qu'une fois saturée de gaz et de sels nutritifs, elle abandonne l'excès de charge que lui procurent de nouveaux fumiers. Le cultivateur n'a plus qu'à entretenir une terre disposée, à point voulu, pour de riches récoltes.

Terrains sablo-argileux. — Le sable, dont les propriétés sont opposées à celles de l'argile, donne encore, par mélange naturel avec celle-ci et avec un peu de calcaire, les terrains *sablo-argileux*, dans lesquels il domine plus ou moins à son tour.

Les sols de cette nature donnent des types d'excellent terrain. Ils sont féconds, propres à toutes les cultures et d'un travail facile. Leur rencontre se fait, principalement, dans les vallées qui bordent les rivières. Ceux qui reçoivent, dans les moments de crues, les apports limoneux des eaux, deviennent d'une fertilité inouïe, fertilité qui compense les inconvénients de l'inondation (1). Leur origine se retrouve d'ailleurs, dans un premier dépôt de limon fait à des époques lointaines.

A la catégorie des terrains dans lesquels le sable, contre-balancé par l'argile et accompagné de l'élément calcaire, imprime un caractère spécial, s'ajoutent les *terres franches* ou *loams meubles*, qui ne sont que des alluvions limoneuses, rappelant celles de la Gironde, de la Seine, etc.

(1) Une analyse de limon du Nil, faite par Payen, indique 54 0/0 de silice dans ce dépôt, 10 0/0 d'alumine et 10 0/0 de chaux et de magnésie, etc.

L'équilibre parfait entre les éléments fondamentaux du sol constitue la valeur des *terres franches*.

Terrain calcaire. — La prédominance du calcaire fait le caractère d'un terrain, aussi bien que l'excès de sable et d'argile ; et le calcaire seul *(craie, terrain crayeux)* est aussi mauvais, dans son genre, que le sable et l'argile pris isolément. Il donne un sol froid et généralement blanc, très friable en été, boueux en hiver, exigeant beaucoup trop d'engrais.

Terrain argilo-calcaire. — Connaissant l'argile, il devient plus facile, maintenant, de parler de son union avec la chaux ou avec la magnésie (carbonate de chaux, carbonate de magnésie, ou mélange de deux carbonates), de même que nous avons procédé pour le sable et l'argile.

Si l'argile l'emporte, par sa quantité, sur la chaux carbonatée, le sol est *argilo-calcaire.*

Ce genre de terrain présente des variétés aussi nombreuses que les mélanges d'argile et de sable, et qui sont aussi difficiles à délimiter exactement.

Terrain marneux. — Le plus important des terrains composés de calcaire et d'argile est celui que l'on connaît sous le nom particulier de *marne* et qui sert comme amendement, plutôt que comme terrain de culture.

La marne, qui compte plusieurs variétés, est, en général, formée de deux tiers de chaux carbonatée et d'un tiers d'argile. L'industrie des produits chimiques n'est jamais arrivée à imiter la marne, en lui conservant ses propriétés naturelles.

Terrain calcaro-magnésien. — Ce que nous

disions de la chaux carbonatée s'applique à la magnésie des terrains agricoles (magnésie carbonatée), qui est toutefois plus légère, beaucoup plus avide d'eau, et d'un rôle un peu moins important que la chaux.

Le calcaire magnésien le plus répandu et le plus constant dans sa composition est la *dolomie*. La dolomie est généralement formée, à parties égales, de chaux et de magnésie carbonatées; elle résiste beaucoup plus aux acides que la chaux carbonatée seule. C'est un mauvais terrain.

Terre de bruyère. — Pour terminer cet aperçu général sur les terrains agricoles, il faut citer la terre de bruyère, en partie formée d'*humus*, mais d'un humus acide, qui a besoin d'être neutralisé. La terre de bruyère s'est formée, à la longue, par les détritus végétaux accumulés à la surface d'un sol rendu d'abord presque improductif par un excès de sable, et abandonné aux bruyères, aux ajoncs, aux genêts, etc. L'humus a fini par donner au sable des propriétés végétales, très appréciées dans la culture des plantes qui demandent une terre légère et sablonneuse. La terre de bruyère est brune, ferrugineuse, et chargée de *tannin*, ce qui la rend acide.

Terrain tourbeux. — La tourbe est enfin un terreau de qualité inférieure, formé dans les terrains bas et humides, aux dépens des plantes aquatiques alternativement asséchées et inondées.

CHAPITRE IV

AMENDEMENTS

Définition. — Nous venons de voir que le sable, l'argile et le calcaire, pris isolément, donnent de mauvais sols agricoles, et que le mélange de ces trois corps, réunis au terreau, produit des terrains d'autant plus estimés, que les proportions des composants font disparaître les défauts de chaque principe isolé.

Toutes les fois que les principes fondamentaux d'un terrain sont en quantités trop disproportionnées, ou que le terrain est privé, soit de sable, soit d'argile, soit de calcaire, ou de terreau, les propriétés physiques de ce terrain se ressentent de cette composition; l'eau filtre promptement, ou est trop longtemps retenue; la chaleur du soleil n'est plus emmagasinée; l'air ne circule pas dans le sol, ou fait trop sentir son action, etc. En un mot, l'humidité, le pouvoir calorifique, la ténacité des terres ne sont plus équilibrés. (Voir : *Terrains agricoles.*)

Il est donc nécessaire de corriger, s'il est possible, la nature de pareils terrains. On y parvient par le système des *amendements*.

Amender un terrain n'est autre chose que modifier ses *propriétés physiques*. Mais comme les traitements exigés entraînent l'apport habituel de nouveaux matériaux au sein du terrain, il est quelquefois difficile d'établir une distinction entre la véritable matière amendante (celle qui ne fait que modifier le sol), et les engrais destinés à l'alimentation végétale.

La distinction est d'autant plus ardue, qu'il est bien rare qu'un *amendement* (¹) se contente d'agir matériellement, sans apporter quelques éléments nutritifs à la terre. De là naît une confusion, dans les idées et dans le langage.

Quoi qu'il en soit, nous respecterons les usages et nous dirons que l'on *amende* le sable ordinaire, par la chaux carbonatée, la marne et l'argile; et réciproquement, l'argile et le calcaire, par les terres sablonneuses (²); le calcaire, par l'argile; les terreaux acides, par la chaux, etc.

En raison de sa composition, la marne (argile et chaux) ne peut amender ni l'argile ni la chaux, à moins d'être excessivement calcaire, dans le premier cas, et excessivement sablonneuse, dans le second cas.

Chaulage — Les amendements constitués par un apport de matériaux au sol et qui sont les plus en usage, se pratiquent avec la chaux et prennent les noms de *chaulage, marnage, falunage, plâtrage*.

Le chaulage consiste à répandre de la *chaux éteinte* sur le sol.

Il est indispensable d'employer de la chaux de

(¹) On dit que la chaux est un *amendement*, comme on dit aussi *pratiquer l'amendement ;* ce substantif s'emploie dans les deux sens, pour indiquer la matière de l'amendement et l'acte lui-même.

(²) Le sable pur est un mauvais agent, il file dans le sous-sol sans se mélanger.

bonne qualité, nouvellement sortie du four, et qui puisse attirer l'humidité de l'air *(s'hydrater)* et se réduire en poussière sur place.

On dispose la chaux vive, de distance en distance, par petits lots de 25 à 30 litres. Lorsqu'elle est complétement *délitée* (¹), on procède à son épandage, qui se fait à la pelle, puis on passe la herse et on laboure en dernier lieu.

Un temps humide est absolument contraire à l'épandage : la chaux se grumèle et conserve trop longtemps, dans les grumeaux, sa *causticité*, qui finit par nuire aux racines des plantes.

La chaux, pendant qu'elle est vive *(caustique)*, préserve la plante des insectes et de l'envahissement des *moisissures;* elle sature les acides du terreau (²) et augmente ce terreau en désagrégeant les matières organiques; elle agit sur les argiles et dégage leurs alcalis (potasse et soude).

Passée à l'état de chaux carbonatée, par l'action de l'air et du sol, la chaux divise la terre et la modifie.

Dans les deux cas, elle concourt à la décomposition des sels ammoniacaux et à la formation des nitrates. (Voir encore : *Terrain calcaire* et *Chaux carbonatée,* p. 13.)

(¹) La chaux éteinte pourrait être préparée dans les servitudes de l'exploitation rurale et transportée au moment du besoin. Ce système est même préférable, si le propriétaire n'a pas à envisager les frais de transport, neuf transports de chaux éteinte représentant, en poids, sept transports de chaux vive

(²) Cette action est déjà connue : voir *Chaux carbonatée,* p. 13. Ces répétitions sont inévitables, si on veut être précis. Elles se reproduirons souvent.

Marnage. — Le second emploi de la chaux se trouve dans le marnage. La marne est mise en petits tas, comme la chaux; elle est répandue après délitement (phénomène quelquefois très long à se produire avec elle), puis elle est incorporée à la terre, par le hersage et le labourage.

La composition chimique du terrain et celle de la marne sont indispensables à connaître, pour calculer, avec succès, la quantité d'amendement qu'il faut employer.

Les principaux caractères extérieurs de la marne sont, très certainement, le fendillement à l'air et l'effervescence au contact des acides, caractères empruntés à l'argile, à la chaux vive et à la chaux carbonatée; mais il y a des *marnes argileuses*, des *marnes calcaires*, des *marnes sablonneuses* (marnes avec deux tiers de sable, etc.). L'analyse chimique devient donc une nécessité.

La marne ajoute de l'argile et de la chaux à la terre et rend assimilables les phosphates de fer et de manganèse.

Falunage, etc. — Dans certaines contrées (¹), on remplace la marne, qui est devenue trop rare, ou d'une exploitation trop coûteuse, par des débris de coquilles très anciennes *(coquilles fossiles)*, que l'on rencontre, à fleur de terre, en bancs assez étendus.

Ces coquilles, composées presque entièrement de carbonate de chaux, et nommées *faluns*, ont laissé le nom de *falunage* à l'opération agricole.

Aux coquilles fossiles on substitue aussi, près des

______

(¹) Dans la Touraine, dans le Bordelais, etc.

côtes de l'océan Atlantique et de la Manche, des sables calcaires marins (*tangue*), et des végétaux marins incrustés de carbonate de chaux (*merl* ou *maerl*, *trez* ou *treaz*).

Plâtrage. — Enfin, les amendements calcaires comprennent, sous le nom de *plâtrage*, l'incorporation directe dans le sol, ou l'épandage à la volée, soit du plâtre broyé (*gypse* calciné, *sulfate de chaux* privé d'eau), soit de la pierre à plâtre brute (*gypse* passé à la meule).

Le plâtre broyé (plâtre des constructions) se sème à la volée, le matin, à la rosée, sur le sol, ou sur les jeunes pousses des plantes. Le plâtre cru (pierre à plâtre) s'emploie plutôt en le mélangeant à la terre. Il contient environ 10 pour cent d'eau. On plâtre tous les cinq ans, à raison de 500 kilogrammes de matière par hectare.

Tout le monde connaît la démonstration de l'action fertilisante du plâtre, faite par Franklin, qui ayant écrit, avec du plâtre en poudre, sur un champ ensemencé de trèfle, *ceci a été plâtré*, montra les quatre mots se détachant toujours en vert plus foncé, sur le champ, à mesure que le trèfle grandissait.

Néanmoins l'action du plâtre n'est pas toujours aussi nette que dans l'exemple donné par l'expérience de Franklin.

D'abord le plâtre ne doit s'appliquer qu'aux terres déjà pourvues d'engrais, sans cela il n'agit pas.

S'il convient à toutes les terres, à la condition que l'humidité ne soit pas trop grande, il est dépensé souvent en pure perte, dans les sols alluvionnaires de formation récente.

On pense que le plâtre agit, en même temps, comme diviseur du terrain et comme élément calcaire. M. Dehérain lui attribue la faculté de mobiliser la potasse et l'ammoniaque des engrais enfouis dans le sol, de façon à faire parvenir ces alcalis aux racines profondes des plantes.

Mais le plâtre pourrait fort bien constituer un engrais, chargé d'apporter du soufre à certains végétaux, tels que les choux, les navets, etc.

On ne peut expliquer autrement son action, quelquefois très manifeste, sur des terrains déjà très riches en calcaire. Cette opinion est corroborée par l'application du sulfate de soude aux cultures demandant du soufre et établies dans des terrains de ce genre. Le sel de soude produit, ici, des effets semblables à ceux du plâtre.

Ecobuage. — L'*écobuage* est aussi un genre d'amendement, pratiqué en enlevant et en découpant en mottes, avec l'*écobue*, la couche superficielle des sols recouverts de mauvaises herbes, et en incinérant lentement les mottes d'abord desséchées au soleil et mises en monceaux.

L'écobuage s'applique aux *terres fortes*. Il détruit de nombreux insectes ; il rend l'argile poreuse et friable et laisse sur le sol des cendres alcalines solubles.

L'opération doit être conduite avec prudence, attendu qu'une chaleur vive détruit trop de principes volatils et peut stériliser le sol. Aussi la partie supérieure des amas doit-elle être disposée en dôme, l'herbe tournée vers le bas et la terre formant couverture.

Brûlis. — L'écobuage diffère d'une autre opération appelée *brûlis,* en ce que le cultivateur se contente, dans celle-ci, de mettre le feu aux débris végétaux qu'il a entassés à la surface du champ.

Colmatage. — Lorsqu'un amendement argileux devient utile, l'agriculteur trouve un obstacle à l'épandage dans la ténacité de l'argile. On profite alors d'un courant d'eau pour délayer les matières, et on dirige les eaux chargées d'argile en suspension sur les terrains à amender.

L'épandage de l'argile et des limons sur les terres, au moyen de l'eau, se nomme *colmatage*.

Le meilleur et le plus économique des colmatages est celui que l'on obtient en laissant déposer les eaux des rivières boueuses sur les anciens marais, ou sur les terres basses endiguées, riveraines de ces cours d'eau. On exhausse le terrain et on le fertilise à la fois.

En Angleterre, l'argile est desséchée au feu et répandue de diverses façons. Les fermiers emploient de préférence celle qui provient des terres écobuées.

CHAPITRE V

IRRIGATIONS.

Effets de l'eau. — L'emploi de l'eau, dans l'épandage de l'argile et dans l'opération du colmatage, fait pressentir que les irrigations ont, pour double résultat un amendement et une distribution d'engrais.

En effet, l'eau, dispensée avec mesure, apporte à la terre des principes fertilisants tenus en dissolution (gaz, sels, etc.), en même temps qu'elle entretient une humidité sans laquelle aucune espèce de végétation n'est possible. Elle concourt aussi, avec l'aide de l'air, à la décomposition des fumiers et des terreaux, et sert de véhicule à tous les matériaux que les racines doivent enlever à la terre.

Les qualités de l'eau ont, par suite de l'action nutritive de ce liquide, une influence utile ou funeste sur les cultures. L'excès de cet agent est, d'autre part, aussi dangereux pour les plantes terrestres, que sa rareté est désastreuse, tant pour les espèces terrestres, que pour les espèces aquatiques (*nénuphar, sagittaire, cresson*, etc.).

La façon dont l'eau envahit un terrain, la façon dont elle s'échappe d'un sol irrigué, procurent enfin des bienfaits, ou occasionnent des désastres : comme conséquence, l'écoulement régulier et lent, qui prévient les ravinements, est un principe à retenir.

Avidité des plantes pour l'eau. — Tous les végétaux sont avides d'eau. Les tissus des jeunes sujets en sont surtout gorgés; c'est ainsi que l'embonpoint des tiges et des feuilles nouvellement développées est exagéré. Cette nourriture forcée nuisant au développement de la fleur, et à la production de la semence (résultat inévitable d'une floraison entravée), le cultivateur doit apprécier le moment où il est prudent de modérer les tendances naturelles de ses cultures et de laisser aux pluies à venir le soin de remplacer l'arrosoir.

Eaux pluviales. — Les eaux pluviales, les plus pures cependant des eaux, amènent dans le sol plusieurs principes très fertilisants : elles entraînent d'abord de l'air et de l'acide carbonique; fréquemment de l'ammoniaque (1); et toujours de l'acide nitrique, pendant les temps orageux. On ne peut leur reprocher que de tomber trop abondamment, ou trop parcimonieusement, dans d'autres cas. Une juste proportion, en tous lieux, rendrait les irrigations inutiles. Malheureusement c'est un idéal irréalisable.

Eaux salines. — Les principes fertilisants contenus dans les eaux de la mer et de certaines sources se présentent en telle quantité, qu'il faut redouter d'utiliser ces eaux pour l'agriculture.

Avec l'eau de la mer, le sel ordinaire (chlorure

---

(1) Chaque hectare de terrain reçoit annuellement, par les eaux pluviales, 65 kil. d'ammoniaque, représentant 53 kil, 5 d'azote. Or 10 hectolitres de blé ne contiennent que 19 kil. 77 d'azote. (DE GASPARIN, *déjà cité*, t. I, p. 135.)

de sodium), accompagné de nombreux composés calcaires, magnésiens, alcalins, etc., imprègne le sol à tel point que, pendant plusieurs années, il faut renoncer à planter ou à ensemencer [1].

Avec les eaux trop calcaires, on doit redouter l'incrustation des racines par les sels de chaux [2], et, par suite, une nutrition difficile du végétal.

Eaux douces. — Les bonnes eaux d'irrigation sont, en général, les eaux appelées *eaux douces*. Si elles n'introduisent dans le sol qu'une petite quantité de matière par litre [3], les millions de litres reçus par fractions n'enrichissent pas moins le champ, tout en lui fournissant l'humidité nécessaire à la végétation.

Les moins bonnes sont celles qui proviennent de la fonte des neiges.

Les eaux des rivières passent en première ligne.

A côté de ces dernières, on peut classer les eaux qui proviennent des fleuves à flux et à reflux, pourvu qu'elles soient prises à la fin du courant descendant, et à une distance suffisante de l'embouchure, pour que la saveur salée (le goût saumâtre)

---

[1] Un sol des environs de Narbonne, composé de terrains autrefois inondés par la mer Méditerranée, se recouvre par places, pendant les chaleurs, d'efflorescences blanches, dues aux matières salines qui remontent par capillarité. Ce sol est abandonné.

[2] A moins de les laisser courir longtemps à l'air libre, pour qu'elles déposent leur surcharge de calcaire en perdant leur acide carbonique, ce qui n'est pas toujours praticable.

[3] Un litre d'eau douce contient, en moyenne, $0^{gr}50$ de sels en dissolution (sels de chaux, de magnésie, de fer, silicates alcalins, phosphates alcalins, nitrates, chlorures). Mille litres (un tonneau) fournissent 500 grammes, et mille tonneaux 500 kilogrammes. Beaucoup d'eaux sont plus chargées que nous ne venons de le dire.

soit peu sensible à la langue. Pareilles eaux sont à rechercher. La culture en ressent très souvent de bons effets, même quand elles sont limoneuses.

Eaux limoneuses. — Si les eaux limoneuses sont excellentes pour le colmatage, leur départ laisse sur les feuilles et les herbages recouverts, une poussière nuisible aux animaux herbivores et aux fonctions aériennes des végétaux. Comme irrigation elles ne conviennent pas aux pâturages en exploitation continue (pacages, etc.), mais aux prairies que l'on veut laisser reposer et aux arbres et arbustes dont les feuilles ne sont pas atteintes. (Ex. : *vigne.*)

Irrigation. — L'irrigation est l'arrosement pratiqué sur une vaste échelle. La position et la nature du terrain, le genre de culture, joints à la qualité de l'eau, comme on vient de le voir, et la facilité ou la difficulté d'amener les eaux, sont autant de points à considérer.

La condition essentielle est d'avoir un réservoir, soit naturel, soit artificiel, situé plus haut que le champ à irriguer. A moins, toutefois, d'employer des méthodes auxquelles rien ne résiste : les pompes élévatoires à vapeur; et, à un moindre degré de force et de constance, les machines aériennes (*éoliennes*), dont l'usage tend à se répandre.

On profite habituellement d'un barrage établi sur un ruisseau, ou on utilise le voisinage d'un puits artésien, pour faire la prise d'eau.

Un *canal* de dérivation conduit doucement les eaux sur les parties hautes du terrain, d'où elles coulent d'elles-mêmes à la surface, si on ne préfère les diriger suivant les pentes, au moyen de *rigoles* dites *rigoles d'irrigation*.

Les rigoles sont tantôt parallèles, tantôt en zigzag, tantôt disposées comme les doigts de la main lorsqu'ils sont écartés, tantôt quadrillées, etc.; elles sont plus ou moins profondes (10 à 15 centimètres) et plus ou moins nombreuses. C'est à l'agriculteur de juger, et de profiter des accidents de terrain.

Irrigation par reprise. — Avec des eaux peu abondantes, mais avec un versant à pente régulière, le canal de dérivation peut se déverser dans une rigole principale, creusée suivant l'horizontale du coteau. L'excès d'eau déborde, en minces filets, la rigole, sur toute la ligne; il s'étend sur les cultures et s'égoutte dans une seconde rigole, parallèle à la première et destinée à jouer un rôle identique, et ainsi de suite.

Le système consiste à diviser le champ ou la prairie en *planches* parallèles, que les rigoles délimitent et qui sont arrosées en cascade (¹).

Irrigation par infiltration. — Les terrains plats subissent plutôt l'*irrigation par infiltration*, parce que l'eau restant dans les rigoles, sans les déborder, est obligée de filtrer à droite et à gauche, au lieu de pénétrer immédiatement partout sur le terrain. Dans ce procédé, on met en communication les rigoles principales, au moyen de rigoles secondaires, perpendiculaires aux premières. Les planches sont alors en damier.

Quel que soit le mode d'irrigation employé, il importe que la dernière rigole puisse rejeter au

____

(¹) Pierre (J.-I.), *Chim. agric.*, 1863, 4ᵉ édit., p. 152.

dehors les eaux surabondantes, au moment surtout
où les travaux sont jugés suffisants.

Submersion. — La submersion, que l'on a vu
employer pour le colmatage, n'est pas, à proprement
dire, un mode usuel d'irrigation. C'est plutôt pour
détruire les insectes nuisibles, qu'elle est pratiquée en dehors du cas précité (Ex. : destruction
du *Phylloxera*) [1]. Le terrain, une fois endigué,
est recouvert d'eau de fleuve, de rivière ou de
puits artésien (car elle doit être abondante et
remplacée à mesure de l'absorption et de l'évaporation).

On emploie les pompes à vapeur et on laisse le
sol quarante jours, sous une couche aqueuse de
trente à quarante centimètres d'épaisseur.

Une irrigation prolongée tend à appauvrir les
sols trop profonds et trop poreux, car les eaux entraînent toujours avec elles, hors de la portée
des racines, une partie des matières fertilisantes
solubles; puis les eaux se corrompent quelquefois [2].

Dans la submersion d'un arbuste tel que la vigne,
les eaux chargées de limon sont toujours préférables aux eaux claires des ruisseaux et des puits. Le
limon engraisse le sol et lui apporte plus que l'eau
n'a enlevé, d'autant mieux que le sous-sol est généralement voisin de la couche imperméable, dans les

---

[1] La submersion détruit une quantité considérable d'insectes et de
mollusques.

[2] On doit renouveler les eaux de submersion dès qu'on aperçoit des indices de décomposition (dégagement de gaz, mauvaises
odeurs, etc.).

terrains qui se prêtent avec facilité à ce genre de traitement antiparasitaire.

Comme conclusion, en toute autre circonstance, l'irrigation ne doit pas dépasser les limites du sol actif.

CHAPITRE VI

DRAINAGES

Eau stagnante. — L'eau stagnante à la surface du sol ne tarde pas à nuire au terrain. Elle croupit, c'est-à-dire qu'elle se corrompt, sinon elle favorise le développement d'espèces aquatiques, improductives et gênantes.

À l'intérieur des couches arables, l'excès d'eau en stagnation absorbe, comme à la surface, l'air dont les racines ont besoin et amène la décomposition des petites racines (radicelles), chez les plantes qui ne sont pas essentiellement aquatiques.

À la surface, comme à l'intérieur, les chaleurs de l'été produisent une évaporation trop considérable, qui abaisse la température du sol et retarde la germination. Les terres deviennent *froides*, dit-on.

Marais. — Tout le monde connait les *marais*; les herbages y sont mauvais, tant par la nature que par les principes peu nutritifs des végétaux; des odeurs pestilentielles et des brouillards infects se dégagent du sol et déciment les populations environnantes. Eh bien! les marais sont le type des terrains à eaux stagnantes.

Terrains bas et humides. — À côté de ce type, que le colmatage et de nombreux fossés d'écoulement parviennent à modifier, se rencontrent des terrains plats, à sous-sol horizontal de médiocre profondeur, situés au bas de coteaux qui leur envoient, par infiltration, le superflu de leurs eaux. Sans avoir les inconvénients absolus des marais, pareils terrains souffrent, cependant, des conditions défavorables dans lesquelles ils se trouvent placés. En effet, la couche imperméable (argile, banc calcaire, etc.) [1] retient les eaux; le sous-sol et le sol finissent par être plus ou moins envahis, et l'horizontalité des couches perméables et imperméables nuit à l'écoulement des liquides. Les *terrains bas et humides* sont, cependant, bien supérieurs aux marais, et moins difficiles à régénérer.

Plateaux humides.— Une exposition élevée n'est pas toujours une condition pour mettre le terrain à l'abri d'une humidité exagérée. Ainsi, un sol et un sous-sol graveleux ou sablonneux, très perméables, naturellement, aux eaux pluviales, encaissés au sommet d'un plateau, dans une cuvette d'argile ou d'alios, deviennent aussi humides qu'un terrain bas peu favorisé, et peuvent former un petit marécage. Les exemples de ce genre ne sont pas rares, dans le département de la Gironde, sur le littoral océanien, et le marécage se transforme quelquefois en étang.

Drainage. — L'enlèvement artificiel des eaux surabondantes d'un terrain profond, et, pour mieux dire, l'*égouttement intérieur* des couches arables, prend le nom de *drainage*. Les procédés se sont

---

[1] Voir chap. 1, la définition du *sol* et du *sous-sol*.

perfectionnés, mais le système a toujours été pratiqué.

Modes de drainage. — L'idée la plus simple qui s'est présentée à l'esprit a été de creuser des tranchées (fossés). Comme le cultivateur s'est bientôt aperçu que les fossés enlevaient une partie du sol à la culture et devenaient un obstacle à la circulation, il a jeté au fond des tranchées, tantôt des fascines de bois (des sarments de vigne, etc.), tantôt des pierres anguleuses de moyen volume (moellons, etc.), et il a recouvert de mousse et de gazon les fascines et les pierres; puis il a chargé, à leur tour, la mousse ou le gazon de terre végétale perméable, et cela jusqu'au niveau du sol.

Mais de plus habiles ont promptement reconnu aussi que la terre supérieure ne tardait pas à s'infiltrer à travers les fascines et les moellons, en comblant, peu à peu, les intervalles laissés, entre les matériaux, pour l'écoulement des eaux.

Alors des conduits en sapin, formés de planches mal jointes, ont remplacé les anciens engins, jusqu'au jour où les tuyaux en terre cuite sont devenus communs, et ont fait disparaître les inconvénients des systèmes primitifs, sans en excepter ceux des conduits en sapin. La sûreté du travail et une grande économie ont été réalisées dès ce moment.

Drains. — Les drains, tuyaux en terre cuite grossière, de 3 à 7 centimètres de diamètre, offrent aux eaux, par les lacunes de leur ajustement et par leur porosité, un moyen d'écoulement lent, constant et facile, et qui sait respecter, entre bonnes mains, l'humidité indispensable à la terre.

Ils se disposent bout à bout, au fond de tranchées creusées suivant les exigences du sol (1^m15 en moyenne de profondeur), inclinées et espacées pareillement en conséquence (4, 12, 15 mètres, etc.). Les lignes longitudinales de tuyaux communiquent entres elles, par des lignes transversales ou obliques, et l'ensemble des lignes déverse ses eaux dans des conduits de calibre plus fort, nommés *drains collecteurs*. Ceux-ci débouchent à l'air libre, dans les parties les plus basses des terrains drainés.

Pour éviter les engorgements pouvant résulter de la poussée des terres environnantes, les points de jonction des conduits sont protégés au moyen de débris de tuile, ou de manchons de la nature des drains, etc., et les rangées sont recouvertes par les graviers du sol, jetés de préférence avant la terre meuble. Une autre précaution reste à prendre : pour éviter l'obstruction des tuyaux par les cadavres de rats, taupes, fouines, on grille la gueule du dernier drain collecteur.

L'écueil qu'il est au contraire difficile d'éviter est l'engorgement dû aux dépôts ferrugineux, glaireux, calcaires, et au chevelu des racines, dans les terrains plantés d'arbres et d'arbustes. Des *regards* souterrains, repérés et disposés de loin en loin, sont d'une grande utilité, pour reconnaître les points obstrués et éviter des remaniements hasardeux.

Applications du drainage. — Le drainage ne doit pas amener la dessiccation exagérée de la terre.

La profondeur, la pente, le nombre des tranchées et la grosseur des tuyaux se règlent, par suite, sur la quantité moyenne de pluie annuelle et sur l'humidité du terrain. L'opération est applicable à toute espèce de sol. Les terres argileuses sont souvent améliorées par ce système, attendu qu'il arrive un moment où elles se fendillent comme les autres, ce qui rend l'égouttement en partie possible.

Eaux de drainage. — En général les eaux qui sortent des *drains-collecteurs* sont de bonne qualité. On n'avait pas à craindre, jusque dans ces dernières années, de les utiliser pour les usages domestiques et l'alimentation de l'homme et des animaux, lorsque l'emploi considérable des sulfates métalliques et des sulfo-carbonates alcalins est venu jeter sur elles quelque défaveur.

Que sont les eaux de drainage? Des eaux d'infiltrations pluviales, comme les eaux des puits et les eaux des fontaines. Elles contiennent des éléments identiques et ont l'avantage d'être constamment renouvelées, ce qui manque souvent aux eaux des puits.

La transformation des sels de cuivre en corps insolubles paraît s'opérer assez facilement à la surface du sol, si la quantité du sel n'est pas exagérée, ce qui est le cas habituel. Les sels de cuivre ne souillent donc pas les eaux. La présence d'un sel de fer ne pourrait produire que de la *rouille,* matière qui n'est pas à redouter. Les sulfo-carbonates semblent, seuls, apporter momentanément, ou accidentellement, des traces d'alcalis dans les eaux de drainage, aussi bien que dans celles des fontaines. Ici encore le mal n'est pas grand.

CHAPITRE VII

DÉFRICHEMENTS

Défrichements. — Le défrichement consiste à extraire les racines végétales croissant dans un terrain, afin de changer le mode d'exploitation de ce terrain, ou de mettre le sol, pour la première fois, en culture.

Les défrichements s'appliquent principalement aux terrains complantés de végétaux à racines profondes *(racines pivotantes)* (tels sont les arbres, les arbrisseaux, les bruyères, la vigne, etc.), et aux prairies dégénérées envahies par le chiendent, les joncs, etc.

Dans les opérations de défrichement, l'intérêt que le propriétaire du sol croit trouver dans un changement de culture, doit se calculer sur la valeur du sol, les frais de travail, la vente ou l'utilisation des racines arrachées et le nouveau genre de plantation choisi. Car il y a des terrains qui ne valent pas la peine d'être défrichés pour être mis en culture réglée, et d'autres qui ne s'accommodent, sans grands frais, que d'un seul genre de culture.

Défrichement avec écobuage. — On défriche quelquefois, en se contentant de laisser sur place et d'enfouir les racines arrachées. L'enfouissement en vert, dont nous parlerons au chapitre des engrais, est une opération de ce genre. La méthode est suffisante, pour les plantes à faibles racines, qui pourrissent une fois renversées ; elle échoue complètement avec les racines vivaces et traçantes (Ex. : chiendent).

Dans ce cas, l'écobuage devient le complément du défrichement, comme toutes les fois que les racines arrachées ne valent pas les frais de leur transport, et l'écobuage sera fructueux, si le défrichement est superficiel.

Le défrichement a un double résultat : indépendamment de l'enlèvement des corps encombrants (racines, moellons, roches aliosiques), il ameublit la terre, en l'aérant comme un labour. La profondeur à laquelle il est poussé, n'est donc pas indifférente, mais elle dépend, à la fois, des végétaux à déraciner et du sous-sol (1).

Défrichement superficiel. — Il y a des défrichements qui ne dépassent pas 33 centimètres, on les dit *superficiels*. Le travail se fait à la bêche, par des ouvriers espacés, qui attaquent chacun une bande de terrain de 8 à 10 mètres de largeur et mènent l'ouvrage en lignes parallèles. On nomme, aussi, ce mode de travail : *défoncement*. Le défoncement comprend, en réalité, deux opérations : l'enlèvement des végétaux, et le défoncement, qui ameublit le terrain. Aussi les deux mots *défrichement* et *défoncement* sont-ils généralement pris l'un pour l'autre.

---

(1) On sait que lorsque le sous-sol est trop dur, les racines tendent à se ramifier dans le sol meuble. D'autre part, on a très souvent intérêt à défoncer un sous-sol dont les couches profondes sont de bonne nature, mais sont recouvertes par une couche de qualité inférieure, ou mauvaise.

Défrichement profond. — D'autres défrichements entament le sol, au delà de 33 centimètres, ce
sont les *défoncements profonds*. Là, principalement,
sont applicables : la grande charrue ; le *pelleversage*,
qui consiste à défoncer, à bras d'homme, le fond du
sillon ouvert par la charrue ; puis la charrue sans
versoir, dite *charrue-sous-sol*, destinée à remplacer
le pelleversage.

Effondrement. — Quand les opérations du
défrichement portent sur des argiles durcies, des
pierres, des grès en formation, tels que l'*alios*,
elles prennent le nom d'*effondrement*. La pioche et
le pic remplacent ici la bêche, pour l'exécution du
travail.

Les terrassiers ouvrent, à la pioche, des tranchées
de 1 mètre de largeur ; ils enlèvent, à la pelle, les
premières couches de terre et les jettent sur l'un
des rebords de la tranchée ; ils creusent ensuite
au pic, enlèvent les pierres, laissent sur place la
nouvelle terre aérée, et attaquent sans intervalle, une
seconde tranchée, dont les couches superficielles
iront recouvrir les terres remuées, du fond de la
première, etc. Après la herse, la charrue n'aura
plus qu'à tracer son sillon, quand le moment viendra
d'ensemencer le champ.

La résultante de tous les procédés, quels qu'ils
soient, est de donner un cube de terre végétale
suffisant pour que les plantes puissent s'étendre
et trouver, dans le milieu qui les environne,
de l'humidité, des gaz bienfaisants et des sucs
nutritifs.

Plus la terre aura été fouillée et sera restée long-temps à l'air, mieux elle vaudra. Aussi y a-t-il un réel avantage à commencer les travaux longtemps avant le moment de la mise en culture.

CHAPITRE VIII

LABOURS

Effets apparents des labours. — On dit, avec raison, que les meilleures terres, aussi richement fumées qu'elles puissent l'être, laissent à désirer si elles ne sont convenablement façonnées pour recevoir les semences [1].

Les labours sont donc indispensables.

Dans le labourage, le sillon que trace la charrue a pour résultats :

1° De diviser la terre et d'exposer à l'air les parties mises à découvert ;

2° De détruire les herbes inutiles et nuisibles ;

3° De mélanger la masse du sol, avec les engrais répandus à la surface ;

4° De répartir la chaleur et l'humidité ;

5° De faciliter le développement et l'extension des racines, à la faveur de la division du terrain.

Effets cachés. — Il est aussi nécessaire d'exposer, de temps à autre, la terre végétale à l'air, que d'ouvrir à certaines heures les fenêtres et les portes d'une chambre, d'une salle, pour ventiler le local.

Pourquoi ressent-on un malaise général, après un séjour de quelques instants dans une salle close, encombrée d'as-

[1] Pierre (J.-I.), *Chimie agricole*, 4ᵉ édit., 1863, p. 126.

sistants? On étouffe, suivant l'expression connue, par la raison principale que l'air pur manque.

Les deux gaz qui composent l'air, l'*oxygène* et l'*azote*, ont été absorbés par les poumons, et l'oxygène est revenu des poumons, sous forme d'un gaz irrespirable (*l'acide carbonique*) [1]. Sans air, pas d'existence possible.

Or, les plantes, qui respirent et qui se nourrissent, aussi bien que l'homme et les animaux, doivent puiser, à la fois, leurs fournitures respiratoires et alimentaires, dans l'air et dans la terre, puisqu'elles ont des tiges, des feuilles et des racines. En ce moment, les tiges et les feuilles, organes plongés dans l'atmosphère et armés d'appareils spéciaux (les *stomates*), n'ont pas lieu de nous occuper, il faut savoir, au contraire, pour comprendre les effets cachés du labourage, que les racines sont construites de manière à absorber, par leur surface entière, les gaz propres à leur respiration ou à leur nutrition, et, qu'en dehors des gaz, elles ne peuvent prendre dans le sol que des matières en dissolution aqueuse.

La plupart des corps qui composent la terre végétale étant insolubles par eux-mêmes, le contact et l'action d'un agent dissolvant devient ici nécessaire pour que les plantes reçoivent les éléments de nutrition solides, aussi abondants que le comporte leur organisme.

Eh bien! l'air amené par les labours donne les gaz propre à la respiration des racines et procure, de concert avec l'acide carbonique, avec l'eau, la chaleur, les gelées et les actions électriques, etc., la désagrégation et la décomposition des fumiers et

[1] L'air, mélange formé d'un cinquième (20,8) de *gaz oxygène*, et de quatre cinquièmes de *gaz azote* (79,2), brûle lentement les tissus organisés et leur prend du *carbone*, qui se combine à son *oxygène* et donne de l'*acide carbonique*.

des terreaux, substances qui, sans lui, resteraient
sans changement.

Plus le sol est aéré, mieux s'opèrent ces transformations :
l'argile donne de la *silice* et de *l'alumine* solubles, parce
que ces deux principes sortent de combinaison : les feldspaths cèdent des alcalis ; la chaux carbonatée, la magnésie,
et les oxydes de fer se dissolvent en partie, à la faveur d'un
excès d'acide carbonique fourni par la *respiration* des racines [1] ; le fumier, le terreau produisent des gaz et des sels
ammoniacaux, des phosphates solubles et une foule de substances nutritives, etc.

Des expériences précises démontrent, d'autre part, que
les plantes dont les racines baignent dans l'acide carbonique,
ou dans l'azote, sans air ni oxygène libre, ne tardent pas à
périr, et que les arbres plantés peu profondément, c'est-à-
dire près de l'air, poussent avec vigueur, même sous le
climat chaud de l'Algérie. Ce sont deux nouveaux exemples
à l'appui de la théorie des labours.

Conditions des bons labours. — Comme conséquence de ce qui vient d'être exposé, les principales
conditions d'un bon labour sont : d'émietter le sol,
ou, au moins, de présenter à l'air la plus grande
surface possible de la bande de terre retournée par la
charrue ; puis de donner un sillon franc, que ne
vienne pas combler la terre fournie par le creusement
des sillons adjacents, ou par lui-même, à moins qu'il
ne s'agisse d'un labour à plat.

Premiers labours. — Les premiers labours
doivent être faits après que le terrain a été débarrassé de ses récoltes et peut recevoir la charrue.

[1] Dehérain et Vesque, *Annales d'agronomie,* 1876, t. II, p. 512 et
suiv. — Comptes rendus, 1877, LXXXIV, p. 9 et suiv.

Leur profondeur et leur largeur se règlent sur la ténacité ou résistance des terres, et sur la nature des végétaux que l'on veut cultiver : aux terres tenaces, un labour profond et peu large; aux terres légères, une profondeur déterminée par le genre de culture (25 centimètres en moyenne) (¹). On évitera néanmoins d'opérer en temps pluvieux, parce que les *coutres*, les *socs* et les *versoirs* s'empâtent, que les mottes de terre ne se brisent pas, et que l'eau, trop abondante, épuise le terrain; ou en temps trop sec, parce que la terre est trop dure et que l'ouverture du sillon la dessèche encore plus.

Ces conditions s'appliquent, avec autant de force, aux labours suivants, qu'aux premiers.

Seconds labours. — Les *labours d'ouverture* (premiers labours) se pratiquent en automne et en hiver, si le temps le permet; les *labours de sarclage* se font au printemps et se prolongent suivant les cultures. Aux effets des autres, ceux-ci joignent la destruction des herbes envahissantes (*Patience, Chiendent, Moutarde, Ramberge* ou *Mercuriale, Pissenlit, Mouron,* etc.). La rapidité croissante et la vitalité de la plupart de ces plantes commanderaient de nouveaux travaux, si l'ameublissement du sol n'exigeait la continuation des labours pour les récoltes tardives (²). (Ex. : *vigne.*)

______

(¹) DE GASPARIN, *déjà cité*, t. III, 4ᵉ édit., p. 369.

(²) Chaque contrée a ses habitudes. Dans la Gironde même, les usages ne sont pas constants. Cependant, en général, on donne six labours aux jeunes vignes et quatre aux vignes en rapport. Ces labours, appelés *façons*, s'espacent du mois de mars à la moitié de juillet. Le premier et le troisième déchaussent le cep, à droite et à gauche, le long des

Labours très profonds. — Il y a quelquefois grand intérêt à augmenter la profondeur habituelle des labours. C'est lorsque l'agriculteur (doublé dans ce cas du chimiste) s'aperçoit que les éléments fertilisants sont passés de la couche active du sol, dans les couches encore inattaquées, ou dans le sous-sol; ou encore lorsque le défoncement du sous-sol doit favoriser l'écoulement des eaux surabondantes, etc. (Voir : *Sol* et *Sous-Sol*.)

Cependant les labours très profonds ont un inconvénient devant lequel on reculera, si on le soupçonne. Ils permettent aux semences de nombreuses plantes envahissantes, plantes que l'on croyait disparues depuis plusieurs années, de revenir à la surface et de germer. Les cas de *terre gâtée* sont heureusement assez rares.

Formes des labours.—On distingue, dans les labours, la forme *à plat*, dans laquelle le versoir de la charrue, revenant à vide à sa ligne de départ, jette la terre du second sillon dans le premier et le comble.

L'opération change les surfaces exposées à l'air, mais ne les augmente pas. C'est un nivellement, avec aération incomplète.

Le labour *en planche* consiste dans l'application de la forme *à plat*, à un champ divisé en sections longitudinales (*planches*), etc.

alignements, par deux sillons creusés dans chaque rangée de vigne, et rejettent la terre vers le milieu du passage. Le second et le quatrième ramènent la terre du milieu des rangs et la rejettent contre le cep.

Le sol d'un hectare de terrain contient un volume d'air qui varie de 300 (sous-sol compacte) à 1,400 mètres cubes (bons terreaux). L'hectare de vigne doit donner 968 mètres cubes d'air.

Binage. — Pour beaucoup de petits travaux des champs (pour le simple enlèvement des herbes, par exemple), la charrue est remplacée par divers instruments maniables à bras. La *binette, houe* légère, à deux dents d'un côté du fer, se trouve de ce nombre; le binage ou sarclage exige, indépendamment du travail de la terre, l'enlèvement manuel des herbes déracinées, sous peine de voir reprendre, au bout de peu de jours, une grande partie de ces plantes encombrantes. Le sarclage est le travail des bras faibles (femmes et adolescents).

Hersage. — Un autre mode de labour léger, appliqué celui-là exclusivement à la grande culture, est le *hersage*. La herse, qui n'est qu'une combinaison de râteaux à dents, établis sur un bâti commun, en bois résistant, effleure seulement le sol, mais brise les mottes de terre laissées par les autres instruments, y compris la charrue.

CHAPITRE IX

ENGRAIS

Engrais. — L'*engrais* et l'*amendement* ont quelques points communs.

L'*engrais* est le régénérateur de la terre. Il lui donne une nouvelle richesse, en remplaçant les éléments actifs (sels minéraux, gaz azotés ou carbonés, etc.), que les plantes ont absorbés en se développant.

L'*amendement* apporte très certainement, lui aussi, des sels minéraux (c'est là le point commun principal), mais on se rappelle qu'il a surtout pour objet de modifier les terrains, en introduisant des matériaux qui changeront les propriétés physiques du sol : c'est-à-dire la façon dont la terre laisse filtrer ou retient, au contraire, les eaux ; la résistance à la charrue, etc. (¹).

Ni l'engrais, ni l'amendement ne peuvent se suppléer totalement. Chacun d'eux a son moment d'application, sa durée et ses actions spéciales. Les cultivateurs comprennent si bien la différence entre l'un et l'autre, qu'ils ont imaginé les *composts,*

(¹) Un amendement calcaire ou marneux aura, de plus, un autre effet, sur un terrain de bruyère. Il exercera une action chimique et saturera l'acidité du sol. (V. page 23.)

agents fertilisants mixtes, qui tiennent de l'engrais et de l'amendement.

Composts. — Les composts sont des engrais mitigés, dans lesquels la marne, les limons, la chaux, ou la terre ordinaire se mêlent aux fumiers et aux débris organiques de toutes sortes. Le mélange a pour résultats de donner moins d'activité immédiate aux fumiers, d'utiliser les débris et de faire un tout de cet ensemble disparate, qui va se transformer en terreau, ce principe par excellence.

Action générale des engrais. — Les engrais fournissent directement à la plante des sels minéraux et des gaz azotés ou carbonés, plutôt que des principes organiques solubles [1].

La forme gazeuse est, en effet, celle qui semble convenir le mieux à l'assimilation de l'azote et du carbone par les végétaux [2]. C'est, en majeure partie, aux composés aériformes de ces deux corps, que les plantes empruntent leur carbone et leur azote, soit que ces composés proviennent de l'atmosphère, soient qu'ils sortent, par décomposition, des engrais. En outre, les matériaux des engrais, presque toujours plus poreux que ceux des amendements, favorisent beaucoup mieux que ceux-ci, grâce à cette qualité, l'arrivée, la diffusion et le dégagement progressif des gaz et des sels dans le sol, conditions à rechercher pour la germination de la graine et la nutrition de la plante [3]. Ces

[1] Les boutures plongées dans une dissolution de terreau ne profitent pas plus que celles qui vivent dans l'eau pure. (*Expérience de M. Bouchardat père.*)

[2] L'ammoniaque, ajoutée à l'air, active la végétation et augmente le poids des récoltes. (*Expérience de M. G. Ville.*)

[3] PÉRIER (J.-P.-L.). *La Campagne*, journal d'agriculture, mars 1865.

actions ménagées laissent aux végétaux le temps de choisir, en vertu d'une disposition naturelle, nommée *faculté élective*, les principes qui conviennent le mieux à leur organisme, et de laisser de côté ceux qui pourraient leur nuire.

Les physiologistes expliquent, de cette façon, comment des plantes diverses, croissant côte à côte, dans une terre poreuse abondamment pourvue d'engrais, fournissent des cendres de composition différente, suivant l'espèce à laquelle elles appartiennent, tandis que les arbres d'une forêt, qui se développent au milieu d'un sol compacte, donnent des cendres presque toujours semblables.

Principaux engrais. — Les engrais les plus usités sont : les *poudrettes*, les fumiers des herbivores *(fumiers de ferme)*, les *guanos*, le sang et la chair musculaire, les résidus de diverses exploitations industrielles, tels que les tourteaux de graines oléagineuses et le *noir de raffinerie*, etc.; les cendres crues ou lessivées, les plantes enfouies en vert, etc.

Les engrais chimiques constituent une classe à part, fondée sur des observations que personne ne conteste aujourd'hui.

Poudrette, etc. — Les matières des fosses d'aisances forment un excellent engrais, nommé communément *poudrette,* lorsqu'il est sec; *gadoue,* *engrais flamand,* etc., lorsqu'on l'emploie frais.

L'urine surtout devient, en se décomposant, une source puissante de gaz ammoniacaux et de carbonate d'ammoniaque. Elle fournit, grâce à cette production, ainsi qu'à la faveur des sels fixes alcalins, des phosphates et des silicates qu'elle contient, un des meilleurs moyens de fertilisation du sol. Le reproche que l'on fait à l'urine, c'est de présenter 97 pour cent d'eau, qu'il est difficile d'éliminer sans avoir recours à des procédés dispendieux, insalubres, souvent défectueux et toujours répugnants.

Cependant, l'urine peut être absorbée, sans trop perdre de ses meilleurs principes (les gaz azotés et les sels ammoniacaux), par des fumiers d'écurie ou par des matières poreuses (tourbe, charbon de bois, poussière, etc.).

Les poudrettes, comme les engrais flamands, conviennent particulièrement au jardinage et aux céréales. Celles qui n'ont pas été désinfectées par le sulfate de fer, ou par le sulfate de zinc, sont les meilleures. Dans les autres, les sulfates employés ont transformé en corps inertes le carbonate d'ammoniaque, les gaz ammoniacaux et les gaz hydrogénés, qui se dégagent naturellement des matières excrémentitielles, et sont, tous, des principes actifs assimilables (1).

Fumiers. — Les excréments des grands animaux domestiques dont l'herbe est la nourriture habituelle (*animaux herbivores*) donnent les fumiers ordinaires. Le cheval, l'âne, le bœuf, le mouton, la chèvre

(1) Comme en toutes choses, il y a, ici, des opinions contradictoires. Nous dirons cependant que la théorie exposée est celle qu'ont soutenue il y a déjà longtemps, l'illustre M. Chevreul, M. Jacquemart et nombre d'autres autorités. M. Jacquemart a constaté que des composts arrosés de *carbonate d'ammoniaque,* en dissolution aqueuse, comparés à une poudrette d'un titre ammoniacal égal à celui de ces composts, produisaient un effet identique; tandis que partie des mêmes composts, préparée avec addition de *sulfate d'ammoniaque,* ne donnait qu'un résultat très inférieur ou nul. Diminuer le carbonate d'ammoniaque serait, d'après lui, diminuer la richesse de l'engrais de toute la valeur du carbonate enlevé.

(mâles ou femelles) et le mulet, sont les herbivores producteurs des engrais appelés *fumiers d'écurie, fumiers d'étable, fumiers de parc, fumiers de ferme* (¹).

Les excréments du porc, bien que l'animal soit omnivore, rentrent néanmoins dans la catégorie précitée.

Il y a d'abord deux sortes de choses à considérer dans les fumiers : les matières fécales et les litières. Les excréments varient avec l'animal, la nourriture et le genre de vie; les litières sont ensuite végétales ou terreuses.

Les soins enfin comptent pour beaucoup, soit au point de vue de l'augmentation ou de la production, soit au point de vue de la conservation du fumier. Nous reviendrons sur ce dernier sujet.

Si la connaissance de la composition générale des excréments d'un animal est utile à l'agriculture, la pratique agricole ne peut s'étayer sur telle ou telle analyse particulière, à cause, précisément, des différences produites par l'alimentation, le travail, les soins, l'aménagement des locaux, etc. Aussi allons-nous parler d'une façon générale.

Les meilleures déjections proviennent des animaux qui travaillent chaque jour et qui sont nourris à l'herbe sèche.

Le cheval de trait, le bœuf à la charrue, la vache qui travaille donnent un fumier très azoté et très concentré, par

___

(¹) Un animal exotique, le *chameau,* ce modèle de docilité, de travail et de sobriété, rend des excréments d'une richesse ammoniacale telle, que l'on en retirait exclusivement, autrefois, le sel ammoniac du commerce.

suite de la dépense de force que ces bêtes font, et en raison de la nourriture peu aqueuse qu'elles reçoivent. Le cheval surtout donne un fumier chaud, à fermentation rapide.

Les bœufs au pacage et les vaches nourries à l'herbe verte rendent des excréments aqueux, froids, dans lesquels germent des graines de diverses espèces, nuisibles plus tard aux cultures.

Après le cheval et le bœuf, le mouton donne un bon engrais, plus actif que celui du bœuf, mais contenant beaucoup de principes sulfurés et plutôt favorable au jardinage qu'à la vigne.

Le fumier de porc est le plus aqueux des fumiers, le moins azoté et le moins actif, en raison de l'alimentation habituelle de l'animal. Toutefois, lorsque le porc est nourri de débris de cuisine succulents, ses excréments deviennent plus riches en azote, sans cesser d'être humides.

La litière joue un rôle complexe dans l'écurie et dans l'étable. Elle sert à la fois de couche aux animaux et de substance absorbante pour les matières fécales. Mais comme elle est la partie la moins active de l'engrais qu'elle contribue à former, l'agriculteur ne doit employer strictement que la quantité nécessaire pour donner aux animaux un coucher convenable, retenir les déjections et assainir les locaux.

La meilleure litière est donc celle qui, déjà bien pourvue de principes utiles pour une culture donnée, présente de la souplesse, s'imbibe promptement et se transforme en fumier avec facilité; telle est la paille des céréales, celle surtout que le fléau ou les machines ont brisée.

Les pailles de froment, d'avoine, de seigle, d'orge contiennent un peu d'azote, des phosphates, des sels alcalins, des sels terreux (¹). Toutes absorbent, au moins, le double et quelquefois le triple de leur poids d'eau.

Elles ont, de plus, la propriété d'assainir l'étable et de conserver les fumiers, car toutes les fois qu'elles sont répandues, elles empêchent momentanément les dégagements de gaz, qui fatiguent les animaux et appauvrissent les engrais.

L'avoine et le froment méritent la préférence pour les engrais de la vigne, parce que ces deux pailles sont plus riches en potasse que le seigle et l'orge. Le froment, le seigle et l'orge valent mieux pour les céréales, en raison de l'acide phosphorique et de la chaux qu'elles contiennent.

A la suite de ces litières viennent les tiges de colza, de maïs et de sarrasin ; celles de pois, de lentilles, de vesces et de haricots ; plusieurs espèces de graminées et de cypéracées confondues, en Médoc, sous le nom de *bauges* (²) ; les genêts, les bruyères, etc.

Toutes ces matières végétales absorbent moins bien les déjections que les pailles des céréales, mais leur richesse en azote ou en sels rachète souvent ce défaut. Elles donnent cependant un coucher plus dur, et quelques-unes (bruyères, genêts) ne peuvent être employées qu'à la condition d'avoir été piétinées et rompues ; avant de les faire servir de litière, il est indispensable de les exposer quelque temps sur le passage du bétail et des véhicules d'exploitation, qui les écrasent et les préparent à l'imbibition et à la décomposition.

Une dernière observation est à faire : quelle que soit une litière, les matériaux qui la composent doivent être sains. L'emploi de végétaux charbonnés, rouillés, oïdiés, en proie à une maladie quelconque,

---

(¹) Voir *Céréales* et *Culture intensive*, pour la composition des pailles.

(²) Les *bauges* procurent un fumier très gras. Malheureusement, sorties de terrains humides et pauvres, elles n'ajoutent rien à l'engrais. Elles sont très absorbantes, voilà tout.

est un moyen certain de compromettre les récoltes futures, en semant de redoutables germes.

Après les litières végétales, viennent les litières formées de matières terreuses. Ces litières (boues de fossés, terre de bruyère, terre de gazon) sont aussi bonnes que les premières et souvent préférables. Elles ont seulement le grand inconvénient de salir le poil des animaux, si des couvertures journalières ne sont pas opérées. Les pansements doivent être toujours plus fréquents, et le système n'est guère admissible pour l'élevage des bêtes à fine laine.

Guanos. — Le guano est un mélange de fiente d'oiseaux, de débris de poissons [1] et de cadavres d'animaux [2] accumulés, depuis des siècles, sur quelques îlots déserts des côtes du Pérou, du Chili et de la Patagonie, en Amérique; et sur quelques rochers escarpés des rivages de l'Afrique, près de l'Algérie, au nord, et du cap de Bonne-Espérance, au sud, etc.

L'épuisement de cet engrais est prochain, si on ne découvre pas de nouveaux gisements.

Quand on examine ces couches, qui ont jusqu'à vingt mètres d'épaisseur, on éprouve d'abord un doute sur leur origine; mais si l'on réfléchit que des milliers de siècles ont présidé à leur formation et que les grands oiseaux (*guanaes,* en langage du pays d'origine) qui, après avoir pêché pendant le

---

[1] Ces débris sont les restes de repas de grands oiseaux pêcheurs, voisins des hérons, et autres espèces qui fréquentent ces parages.

[2] Indépendamment des cadavres d'oiseaux, on rencontre, dans quelques anses, des cadavres de *phoques,* etc.

jour, se reposent la nuit sur ces points, sont assez nombreux pour obscurcir l'air, pendant leur vol, on conçoit facilement que tant d'êtres aient pu, même seuls, produire le guano, par leur fiente et les cadavres de leurs générations passées.

Les bons *guanos* titrent 14 centièmes d'azote et 25 centièmes (ou un quart) de phosphates. Les meilleurs sortent des régions où les pluies sont rares, parce qu'ils ont moins fermenté et n'ont pas été lessivés, et que, par conséquent, ils sont plus riches en azote et en sels solubles ([1]).

Cet engrais, mauvais pour les vignobles délicats, réussit principalement dans la culture des céréales et des prairies. Son activité le rend même dangereux, lorsqu'on le répand à l'exclusion du fumier d'étable. Sous son influence, la végétation est d'abord prodigieusement poussée, mais l'effet n'est pas soutenu, et le sol est épuisé avant d'avoir vu mûrir le grain. Pour compter sur des effets durables, la terre doit être préparée par d'anciennes fumures, et l'engrais a besoin d'être divisé au moyen de cinq ou six fois son poids de cendres de bois, de tourbe, de terreau. Dans aucun cas le guano ne doit

---

([1]) Les principales espèces sont :

Guano péruvien, vendu sous le sceau du gouvernement péruvien (10 0/0 d'azote, 25 0/0 de phosphates).

Guano de Bolivie (un peu lessivé, pauvre en azote, riche en phosphates).

Guano du Chili. Guanos de Shag, de Lion, de Pingouin, de Carrère, tous de Patagonie.

Guanos des îles Baker et Jarvis (pauvres en azote et en sels solubles, les plus riches de tous comme phosphates). On les nomme souvent *phospho-guanos,* ainsi que les suivants : *guanos des îles Gallopagos; guano colombien,* etc.

être mis en contact immédiat avec la semence, ou mêlé à la chaux, qui fait promptement dégager son ammoniaque.

Fiente de pigeons, etc. — Comme appendice au guano, il faut citer la *colombine*, ou fiente de pigeon, engrais malheureusement peu abondant, formé d'excréments de pigeon mêlés de débris de plumes. On l'emploie à la façon du guano et plus spécialement pour le jardinage.

Moins actifs que la colombine, les excréments de poule se placent néanmoins à côté d'elle et s'emploient aux mêmes usages.

Sang et chair musculaire. — Le sang et la chair musculaire des animaux servent à composer des engrais très actifs.

Le sang est livré, soit desséché, soit absorbé par la chaux, la tourbe, la terre légère. La chair se vend sous forme de poudre grossière, après coction à l'eau et dessiccation. Sous cette forme, elle renferme environ 13 pour cent d'azote. Chair et sang ainsi préparés sont les principes d'une foule de compositions, parmi lesquelles figurent *l'engrais Brun*, *l'engrais de la Minière*, le *guano nancéien*, etc., qui rentrent dans la catégorie des engrais chimiques.

Débris de poisson. — Dans les pays de pêche on utilise, pour l'agriculture, les poissons qui ont subi un commencement de putréfaction ; ou bien on épuise les débris animaux rejetés par la mer, et on fait absorber les eaux d'épuisement, par des cendres de varech, des vases de mer, des coquilles brisées, des chairs desséchées provenant de la coction des débris animaux.

Cendres végétales. — Lorsque la combustion du bois est complète, le résidu se compose uniquement de cendres minérales, parmi lesquelles on retrouve des carbonates, des sulfates et des sels chlorurés de potasse, de soude, de chaux et de magnésie, du phosphate de chaux, des oxydes de fer et de manganèse, de la silice et un peu d'alumine. Les cendres de bois sont généralement considérées comme un engrais alcalin et employées, en conséquence, pour la culture des plantes qui recherchent la potasse et la soude. Lorsqu'elles ont été lessivées, à la suite d'usages domestiques, elles servent comme engrais phosphaté, et prennent le nom de *charrée*.

Le mélange des cendres aux fumiers est une bonne méthode d'emploi, en ce sens que les éléments fournis par les cendres se disséminent dans l'engrais principal, et que leur causticité, quelquefois très grande, n'est plus à redouter. Sinon, on doit les épandre à la volée, au moment de la fumure et par un temps sec.

Les cendres reverdissent les végétaux, elles leur donnent de la vigueur; elles détruisent les herbes inutiles. Le grain des céréales est encore plus sujet à leur action que les parties herbacées : il est nourri, sa pellicule est plus mince, d'où son rendement est plus grand.

Chaque jour une immense quantité de cendres lessivées est jetée à la voirie. Quelle n'est pas la perte qu'éprouve le sol arable, d'où ces éléments proviennent, mais auquel on ne les restitue pas, lorsque l'on songe qu'en France, plus de neuf millions de feux sont alimentés par du bois!

Résidus d'exploitation. — Parmi les résidus d'exploitation industrielle que l'agriculteur ne saurait négliger, pour augmenter ses engrais, les enrichir ou créer des types spéciaux, se trouvent : les *marc, de raisins,* très riches en potasse; les *touraillons,* germes détachés de l'orge et contenant 4 à 5 pour cent d'azote; les tourteaux d'arachides, que le commerce offre depuis quelques années, en quantité, et que leur richesse en azote recommande.

Noir animal. — C'est encore un résidu d'exploitation, que le noir animal, produit de la décomposition des os en vase clos. Le plus intéressant de ses éléments est l'acide phosphorique, sous forme de phosphate tribasique de chaux. Le phosphate donne, au moins, la moitié du poids de l'engrais, et représente la véritable matière active recherchée dans l'application du noir animal à l'agriculture.

En principe, tous les débris osseux constituent un précieux engrais, pourvu qu'ils soient présentés aux végétaux, sous forme de poudre plus ou moins fine. Mais les os contiennent une matière animale (la gélatine), dont les usages sont très répandus : la gélatine est d'abord extraite de l'os, au moyen de la vapeur d'eau; l'os privé de gélatine est calciné, broyé et employé au raffinage du sucre; à la suite de cette série d'opérations, il est livré à très bas prix au cultivateur. Voilà pourquoi les os en nature ne sont pas employés en agriculture, où l'économie est de nécessité absolue. Voilà comment les os à demi-carbonisés, ayant entraîné, dans l'opération du raffinage, de l'albumine et du sang de bœuf, substances employées à la clarification du sucre, prennent le nom de *noir animal* et de *noir de raffinerie*.

Le noir animal a sa place marquée dans la culture des céréales, et la durée de son action est de trois à quatre années. Il agit durant six à huit ans sur les prairies. Son application dépend de la nature du sol, car il faut qu'il rencontre dans la terre des agents propices à transformer son phosphate basique insoluble, en phosphate acide soluble. Son action semble dès lors compromise dans les terrains riches en alcalis, dans lesquels l'acide carbonique de diverses provenances et l'acide azotique des pluies d'orage et des terreaux trouvent facilement à se saturer.

Plantes enfouies en vert. — La méthode de l'enfouissement en vert, qui est pratiquée dans plusieurs pays, s'applique aux prairies fatiguées, aux terres en repos et aux terrains de peu de valeur que l'on cherche à améliorer. Ensemencer un sol qui doit rapporter plus que l'engrais qu'il produira, ne vaudra, est une erreur sur laquelle il est oiseux d'insister. Ce sont donc toujours des terres fatiguées ou délaissées, des lisières inoccupées que l'on prend. Le choix des plantes n'est pas non plus indifférent. Les végétaux destinés à l'enfouissement doivent apporter plus au sol, aussi mauvais qu'il soit, qu'ils ne lui ont enlevé. Dans cette catégorie, se placent le lupin, les trèfles, la luzerne, le sainfoin, les vesces, les pieds-d'oiseau (¹), etc.

(¹) Il ne faut pas confondre le *pied-d'oiseau* avec le *pied-d'alouette*.

Avec ces espèces, qui poussent sans que l'on ait en besoin de les semer, un léger défoncement du sol à la charrue, ou un renversement à la bêche procure l'enfouissement en vert. Et comme, après chaque défoncement, de nouvelles plantes s'empareront de la surface mise à nu et seront à leur tour enfouies, une terre frappée de stérilité se transformera insensiblement, et sans frais, en bon terreau.

Débris de construction. — Pour terminer la revue des principaux engrais, il nous reste à parler de l'emploi des débris de démolition en agriculture. Ce n'est pas, en effet, comme amendement que ces débris sont toujours employés, mais souvent pour profiter du *salpêtre* qu'ils renferment et qui est un corps azoté.

Le salpêtre proprement dit, ou *nitre*, est un composé d'acide nitrique (acide azotique, eau forte) et de potasse, mais à côté de lui viennent se ranger d'autres types, dans lesquels la soude, la chaux, la magnésie, etc., ont remplacé la potasse, et que l'on confond néanmoins sous la dénomination générale de *salpêtre*.

Le *salpêtre* est susceptible d'agir, on le comprend, suivant la nature de sa base (potasse, soude, etc.). C'est ainsi que le salpêtre de potasse (nitrate de potasse) convient aux céréales, aux légumineuses (pois, haricots, etc.), aux prairies artificielles, et que le nitrate de chaux est l'engrais des prairies naturelles.

CHAPITRE X

ENGRAIS CHIMIQUES

Engrais chimiques. — Nous venons de dire un mot des nitrates, au sujet des débris de démolition, et nous avons aussi parlé du sulfate de chaux et du noir animal, qui étaient considérés comme des engrais ordinaires, longtemps avant l'apparition des engrais chimiques proprement dits.

La catégorie des engrais chimiques englobe, en dehors de ces corps : les sels ammoniacaux en nature; les phosphates, les sulfates, les carbonates, les chlorures et les silicates, soit alcalins [1], soit alcalino-terreux, ou simplement terreux [2].

Toutes ces matières se trouvent disséminées dans les fumiers. C'est d'après les effets particuliers de chacune d'elles, effets qu'une longue expérience a constatés, que la chimie a eu l'heureuse idée de livrer à l'agriculture ces matières, soit isolément, soit en mélanges titrés.

Culture intensive. — L'avantage des engrais chimiques se comprendra plus facilement, lorsque l'on connaîtra les principes de la *culture intensive*.

On nomme *culture intensive*, la méthode de culture raisonnée, qui a pour objet de maintenir indéfi-

[1] A base de potasse, de soude ou d'ammoniaque.
[2] A base de chaux, ou de magnésie, etc.

niment la fertilité du sol, par l'application d'engrais appropriés aux besoins spéciaux des plantes mises en culture.

Cette culture repose nécessairement sur la connaissance approfondie de la nature du sol et de la composition des végétaux cultivés.

Étant donné que les principes azotés, la potasse, la chaux et les phosphates règlent, en première ligne, le développement des végétaux (comme le sable, l'argile et la chaux |calcaire| forment le corps des terrains où ces végétaux trouvent leur nourriture), il faut, raisonnablement, restituer à la terre, en quantités égales, les matières que les récoltes lui ont enlevées. Voilà le premier principe de la culture intensive : remplacer les manquants, au fur et à mesure, pour maintenir la fertilité du sol, sans *jachère* ni assolements (1).

De tous temps, les meilleurs fumiers n'ont eu d'autre objectif que de reconstituer, de leur mieux, les propriétés fertilisantes du sol qui les a reçus. Mais l'analyse chimique démontre que telle espèce végétale préfère la potasse à la chaux, tandis que telle autre a des exigences opposées, et que chacune épuise plus particulièrement le sol, suivant les besoins de son alimentation.

Est-il possible qu'un fumier puisse apporter à la terre tout ce que la culture a pris à celle-ci, dans la récolte précédente, et qu'il puisse fournir, constamment, par une composition réglée, des phosphates, de la chaux, de la potasse, suivant la demande?

Le raisonnement et l'expérience disent: non!

Deux fumiers n'ont jamais une richesse identique! Cette richesse est toujours au-dessous de ce que la plante a pris à la terre fumée.

---

(1) Le système de la *jachère*, qui consiste à laisser un terrain en repos durant un an, après l'avoir ensemencé pendant une ou deux années consécutives, est actuellement moins usité, et est appelé à disparaître.

Les engrais chimiques sont venus au secours de l'agriculture. Dans une terre à reconstituer de fond en comble, ils apportent, sous un petit volume qui réduit les transports, les principes que doit normalement contenir un terrain fertile (c'est-à-dire un *engrais complet*).

Avec un sol ainsi préparé, ils suppriment plus tard, dans leur composition, une partie de tel ou tel élément, que la terre n'a pas trop perdu, et augmentent au contraire, suivant la demande, les proportions de tel ou tel autre principe, que les récoltes ont fortement entamé.

Ainsi, l'engrais destiné aux céréales sera riche en phosphates (et en silicates, si le sol ne fournit pas suffisamment de silice); celui qui est réservé pour la vigne sera plus riche en potasse.

On nomme *dominante*, dans le *système intensif*, la matière qui forme la base principale d'un type d'engrais déterminé. La dominante est évidemment la substance la plus nécessaire à la plante. C'est la base de la production.

Les engrais chimiques rendent possible, dans un terrain, la culture des plantes les plus diverses. Le terrain n'est presque plus qu'un vase et qu'un support; l'engrais se charge de nourrir la plante.

La connaissance de la dominante cesse de livrer la culture aux tâtonnements hasardeux, parce qu'elle indique, aussitôt, les besoins d'une plante et, indirectement, la nature générale du sol qui convient le mieux à la culture de cette plante.

Citons un exemple : Le blé enlève, par hectare de terrain,

132 kilogrammes de silice, pour sa paille surtout ; 18 kilogrammes de chaux ; 25 kilogrammes de potasse ; 18 kilogrammes d'acide phosphorique, pour son grain principalement.

La restitution des matières enlevées s'impose : or, la silice, accaparée par la paille, est loin d'être épuisée dans le sol ; la chaux est plus éprouvée, à moins que le sol ne soit calcaire ; la potasse et l'acide phosphorique sont, au contraire, toujours mis à trop forte contribution, et comme ces trois derniers corps sont en partie combinés sous forme de *phosphates*, la nouvelle fumure doit être riche en phosphates.

La revue des engrais chimiques se trouve simplifiée, avec les explications que nous venons de donner ; et comme nous ne pouvons nous occuper des mélanges que les usines fabriquent suivant formule, soit connue, soit secrète, il ne nous reste qu'à énumérer l'emploi général des principales substances.

Sels ammoniacaux. — Le *sel ammoniac* (chlorhydrate d'ammoniaque) est d'un prix élevé. Il agit sur les céréales et les prairies naturelles, mais son action n'est pas durable, car il est trop soluble. On ne l'extrait plus de la fiente des chameaux ; il se prépare avec les eaux ammoniacales des fabriques de gélatine, etc.

Le *sulfate d'ammoniaque* est coûteux et d'une application très incertaine. A côté de succès, se trouvent encore trop d'insuccès, pour que l'histoire agricole de ce sel puisse être entreprise.

Le *phosphate d'ammoniaque* se retrouve, combiné à la magnésie, sous le nom de *phosphate ammoniaco-magnésien,* dans l'industrie des engrais chimiques.

Le sel double vaut mieux que le phosphate simple ; son prix est abordable ; sa solubilité très lente rend ses effets durables. Son action sur les céréales est irrécusable ; il augmente constamment le poids du grain.

Le *carbonate d'ammoniaque* est trop volatil pour être employé en agriculture, bien que très actif ; mais on le transforme facilement en *chlorhydrate,* etc.

Sels à base alcaline. — Parmi les sels alcalins, le *sulfate de soude* a été souvent employé dans la culture des fèves, des trèfles, des pommes de terre. Ses effets sont satisfaisants, pourvu que le sel soit mêlé aux engrais mixtes (fumiers, etc.), règle assez commune, pour les sels minéraux en nature.

Le *sel marin* est le plus employé des sels alcalins, pour les besoins de l'agriculture, et celui dont les effets ont été, aussi, le plus controversés. S'il a donné lieu à des observations favorables, il paraît certain que, dans les années sèches, son emploi est mauvais ; que les terrains secs s'accommodent moins bien de ce corps, que les terrains humides ; que les hautes doses retardent la germination des graines, etc. Puvis conseille la prudence [1].

Les *sels de potasse* sont peu en usage, malheureusement, dans les fumures, à cause de leur prix élevé et de leur grande solubilité. Nous avons vu cependant, que le nitrate était un excellent engrais. Depuis un certain nombre d'années, l'agriculture trouve, dans le *Feldspath orthose,* qui est une roche

---

[1] Puvis, *Traité des amendements,* 3ᵉ édit., p. 360.

naturelle, les sources de la potasse qui lui est nécessaire, et l'emploi de l'orthose a été suivi de grands succès.

D'ailleurs, les sels de potasse sont généralement plus favorables aux récoltes, que les sels de soude. La démonstration de leur action supérieure est faite depuis longtemps [1].

Sels alcalino-terreux, etc. — Rien n'est plus facile et moins coûteux à se procurer, que les sels alcalino-terreux ou terreux, qui sont les sels de chaux et de magnésie (craie, plâtre, nitrate de chaux, etc.).

Les seuls de ces composés que nous ne connaissions pas encore sont les *phosphates naturels* appelés *phosphorites* et *apatites*. Ce sont des phosphates de chaux qui gisent, depuis des siècles, dans l'intérieur de la terre, et qui possèdent les propriétés fertilisantes du *noir animal*.

Dans les terrains agricoles, les eaux pluviales attaquent lentement les *phosphorites* et les *apatites* et en séparent de l'acide phosphorique.

En résumé, le *phosphate ammoniaco-magnésien*, le *sulfate de soude*, le *Feldspath* (à base de potasse) et les *phosphates de chaux naturels* sont, avec les nitrates, les engrais chimiques simples, les plus faciles à employer, et ceux qui donnent les meilleurs résultats, en tenant compte de leur prix de revient.

[1] A. CHATIN, *Comptes rendus de l'Académie*, février 1854.

CHAPITRE XI

PRÉPARATION DES FUMIERS

Engrais chimiques et fumiers, comparés. —
Nonobstant sa puissance fertilisante et les facilités
qu'il donne pour compléter et suppléer, au besoin,
les engrais naturels, l'engrais chimique ne doit pas
faire oublier la bonne préparation et la conservation, non moins à considérer, des fumiers de
ferme.

Rappelons-nous, d'abord, que les défauts que l'on
peut reprocher à ces derniers, consistent dans leur
inégalité de composition et dans un épuisement
irrégulier de leurs principes, épuisement qui fait,
précisément, rentrer en ligne les composés chimiques, pendant que l'inégalité constitue une véritable
loterie, un jeu de hasard !

Mais, de ce que les engrais manufacturés puissent faire croître une plante, avec tout le succès
désirable, dans le terrain le plus aride, il ne s'en-
suit pas que l'engrais chimique soit d'une application assez économique, dans la grande culture, pour
que l'on puisse avantageusement le substituer, en
totalité, au fumier. En dehors de certains cas spéciaux, motivés par la grande difficulté du transport
de masses volumineuses, ou par la nécessité d'un
traitement particulier du sol, l'engrais chimique doit

être, en bonne administration, l'aide fidèle du fumier de ferme, et non son rival impitoyable.

Bien souvent aussi, l'engrais naturel ne répond pas aux calculs du cultivateur, par suite d'un manque de soins, et le maître ne peut imputer qu'à lui-même les déceptions que ses fumiers lui ont occasionnées.

Méthodes de préparation des fumiers. — La préparation des fumiers doit être, par conséquent, l'objet de soins particuliers. Il faut que le cultivateur retrouve, dans les déjections des animaux et dans les litières, le moyen de rendre au sol une bonne partie des matériaux que bêtes et plantes ont enlevés au terrain. Les soins de l'agriculteur doivent tendre à recueillir toutes les matières excrémentitielles, et à éviter les déperditions, dans la limite des choses possibles.

Pour quelques agronomes, la conservation des fumiers, sur place, est le procédé par excellence.

Pour d'autres, rien ne vaut l'enlèvement journalier et la mise en tas dans la cour.

D'autres enfin (ce sont les moins nombreux), conseillent le transport immédiat des engrais, sur les terres à fumer plus tard.

Chaque méthode a sa raison d'être : toutes ont des avantages, et aussi des inconvénients qu'il est quelquefois assez facile de diminuer.

Fumiers sur place. — Dans la conservation du fumier sous les animaux, la fermentation est plus facile et plus régulière que dans la cour ; les animaux piétinent la masse et la tassent ; les pluies ne lavent pas l'engrais, et le soleil n'en fait pas dégager les principes volatils, tels que les gaz ammoniacaux ; le travail de l'homme est moindre que lorsqu'il faut transporter les matières hors du local.

Dans les pays du Midi, et partout ailleurs, pendant la saison chaude, les émanations gênent au contraire les animaux, et engendrent diverses maladies ; la chaleur humide et l'âcreté des engrais occasionnent, entre autres désagréments, les maladies de pied des troupeaux. Puis, le fumier est plus sujet au *blanc* (moisissure).

L'aération convenable des locaux, jointe à des litières renouvelées, remédie, on le sait, à l'inconvénient des émanations, ou le diminue considérablement.

Les litières renforcées atténuent le danger des maladies de pied, sans le faire toujours disparaître.

Le *blanc* est moins facile à combattre sur place, parce qu'il faut arroser les fumiers, et retomber dans l'humidité qu'une dépense supplémentaire de litière, qui est en même temps un appauvrissement relatif de l'engrais, avait pour objet d'éviter. On dessèche alors, au soleil, le fumier menacé du *blanc*, et on le met en réserve, jusqu'au moment où on pourra humecter la masse.

Tout ce qui précède n'est cependant guère praticable qu'avec des animaux qui sont nourris au foin. Un régime de fourrages verts rend, au contraire, le fumier trop fangeux, en augmentant les urines hors de toute proportion avec les litières.

Dans les étables belges, où une vache arrive à

produire de 32 à 39,000 kilogrammes de fumier par an, c'est-à-dire environ 60 mètres cubes, en moyenne, les animaux sont placés sur un plan légèrement incliné d'avant en arrière, solidement pavé et cimenté. En avant se trouve la crèche; en arrière des bêtes existe une dépression large et peu profonde, dans laquelle se rendent les liquides échappés aux pailles, et où se jettent les fumiers. Les litières sont abondantes; les matières sont tassées et arrosées, s'il le faut; l'aération est bien comprise. Les animaux ne souffrent pas.

Fumiers dans la cour. — Lorsqu'au lieu de laisser plusieurs mois le fumier sous les pieds des herbivores, on l'enlève chaque jour pour le transporter dans la cour, une première précaution à prendre est de le soustraire aux actions du soleil et des pluies. Ce défaut de soin conduit à la perte complète de l'engrais, après avoir été la cause de l'infection des habitations et des eaux de puits du voisinage.

Un fumier abandonné au gré des saisons, dans une fosse filtrante, est un fumier appauvri et à peu près sans efficacité; un fumier perdu, qui ne contient plus de sels ammoniacaux, presque plus de sels minéraux solubles, et qui se réduit à de la paille pourrie.

L'objection des frais d'installation d'un hangar; celle de la détérioration des abris, en présence des dégagements de gaz ammoniacaux ou sulfurés; celle, enfin, de l'obstacle que la construction oppose au passage des charrettes d'exploitation, n'ont pas une valeur sérieuse, surtout devant le résultat inévitable d'une situation agricole compromise par de mauvais engrais.

Un hangar pour abriter les fumiers ne demande qu'une charpente grossière et peu élevée; une couverture en chaume; et quelques clôtures mobiles, susceptibles d'intercepter les rayons solaires trop vifs, si l'exposition n'est pas tournée vers le Nord, ou si l'installation n'est pas abritée d'autre part, d'une manière quelconque : un rideau d'arbres est quelquefois suffisant.

L'espace couvert par le hangar n'est autre, à peu de chose près, que celui que les fumiers occupent habituellement; une distance calculée des montants, ou des piliers de l'abri, peut toujours permettre aux véhicules d'approcher à volonté des amas. L'embarras n'est donc pas réel.

Mathieu de Dombasle, agriculteur renommé, déposait ses fumiers dans la cour, à l'air libre. Il réduisait néanmoins les désavantages que sa situation lui imposait, en prenant les dispositions que voici :

Le sol était glaisé avec soin, afin d'éviter les infiltrations de purin; une levée en terre argileuse empêchait les eaux de la cour d'arriver jusqu'aux engrais;

Une rigole, bien entretenue et curée, bordait immédiatement le dépôt, en dedans de la levée, et conduisait les purins dans une citerne étanche; une pompe en bois, plongeant dans le réservoir, servait à arroser les fumiers; ceux-ci, mis en tas verticaux et pressés comme des cubes de maçonnerie, étaient divisés en lots successivement exploités.

Quinze cents mètres cubes de fumier étaient ainsi aménagés, et mille hectolitres de purin sortaient annuellement de la citerne, au moment du besoin. Cependant, Mathieu de Dombasle constatait, avec regret, que la quantité de ses fumiers était toujours moitié moindre, en proportion, que dans les étables belges !

Arthur Young a conseillé de recouvrir les fumiers de la cour. Cet autre agriculteur attribuait une valeur double aux engrais tenus à l'abri, comparativement aux meilleurs procédés de préparation à ciel ouvert.

Fumiers immédiatement extraits. — La méthode qui consiste à transporter les fumiers au champ, pour éviter leur dépôt près des bâtiments d'exploitation, se réduit plutôt à une préparation de composts, qu'à une véritable confection de fumier (¹). La stratification des engrais naturels avec les boues, les tourbes, forme une bonne couverture protectrice, aux matières actives, toutes les fois que les corps étrangers sont répandus sur elles, et l'amas arrivé à une certaine hauteur, se recouvre facilement d'herbages que l'on enfouira bientôt, si on cesse de le charger ; la fermentation avance lentement, et sans secousses ; néanmoins une grande partie du purin a été perdue, tant dans les transports multipliés, que sur place ; les arrosages et la

______

(¹) Quelques pays (Belgique) ont cependant pour habitude de transporter chaque jour, le fumier frais, au champ, et de l'enfouir aussitôt.

surveillance sont rendus très difficiles, en raison de l'éloignement, et de nombreuses journées d'attelage sont sacrifiées. Il est vrai que la nécessité est souvent impérieuse, par suite d'une insuffisance de locaux.

En dehors de cela, la méthode n'est réellement avantageuse, que dans le cas d'épandage immédiat des bourriers de ville, que l'on vient de ramasser, et qui sont, non pas des *fumiers*, mais un mélange de boues, de détritus de ménage, mêlés de quelques excréments d'herbivores. Ici, il y a souvent économie de transport.

Principes généraux de conservation. — On peut assez facilement résumer les principes fondamentaux de la bonne préparation et de la conservation des fumiers, attendu que tous les grands praticiens et les chimistes agriculteurs s'accordent sur la question.

Il faut : Mettre les matières à l'abri de l'air, en tassant chaque nouveau dépôt, pour éviter la déperdition des gaz fertilisants ;

Préserver ces matières du soleil, de la pluie et des vents, en les mettant à couvert, toutes les fois que la situation le permet, et faire même des sacrifices pour arriver à cette protection efficace ;

Éviter les retournements, qui ont pour résultats d'activer beaucoup trop la fermentation et d'amener, par suite, la décomposition des déjections, longtemps avant celle des litières végétales ;

Modérer, s'il est nécessaire, l'échauffement produit pendant une fermentation trop hâtive, en ramenant la température au-dessous de 25 à 30 degrés centigrades, par des arrosages de purin, ou d'eau, si le purin manque;

Éviter l'emploi de la craie et de la marne dans la stratification des engrais, attendu que ces composés minéraux hâtent la décomposition des matières [1];

Éviter que les litières terreuses, quelquefois employées, ne deviennent pâteuses;

Recueillir avec soin les purins et les jus de *fumier* suintant des amas, ces liquides étant chargés de carbonates, de nitrates et de phosphates solubles;

Diviser les fumiers par lots, si l'exploitation est considérable, pour utiliser successivement chacun de ces lots.

Désinfection des fumiers. — Les odeurs répugnantes exhalées par les fumiers, nonobstant les couvertures de litières, ont fait rechercher les moyens de condenser les gaz, sans nuire à la valeur des engrais.

De deux maux on choisit habituellement le moindre, lorsque ce choix est possible. Nous avons vu que le sulfate de fer et le sulfate de zinc, appliqués à la désinfection des matières fécales de l'homme (*poudrette, engrais flamand*), ne répondaient pas aux désirs de l'agriculteur, ou que, du moins, la question était controversée. La valeur agricole du sulfate d'ammoniaque est le point délicat du sujet.

---

(1) PAYEN, *Journ. d'agric. prat.*, 3ᵉ série, t. VII, p. 135, 190, 377. — JAMET, *Agricult. du Sud-Ouest*, t. IV, p. 257. — DE GASPARIN, t. VI, p. 132. — BOBIÉRE, *L'Atmosphère, le Sol et les Engrais*, p. 620.

Or nous savons encore que les opinions sont, ici, loin d'être fixées.

Nous préférerions voir employer l'*acide chlorhydrique,* comme désinfectant des fumiers, si ce n'était la difficulté du maniement de ce liquide corrosif. Mais doit-on reculer devant un acide énergique, lorsque l'on a manié si longtemps des substances autrement dangereuses (1), pour les besoins de l'agriculture?

Les composés les plus usités pour les opérations de désinfection sont, après le sulfate de fer et le sulfate de zinc : le sulfate de soude ; l'acide sulfurique ; le plâtre ; le mélange de sulfate de zinc et de sulfate de magnésie, peut-être le meilleur de tous, par son énergie et par la formation du phosphate ammoniaco-magnésien qu'il provoque, en présence des phosphates solubilisés.

(1) Voir : *Chaulage des grains,* p. 99.

CHAPITRE XII

ANIMAUX DE LA FERME

Utilité des grands herbivores domestiques. — L'agriculture se conçoit difficilement (¹) sans les animaux chargés de lui apporter la force, les engrais naturels et plusieurs autres revenus qui entrent largement en ligne de compte, dans une exploitation bien dirigée. Les perfectionnements de l'outillage, l'application de la vapeur, la fabrication des engrais chimiques, tous auxiliaires de premier ordre, feront de plus en plus sentir leur action, avec les années, mais ne feront jamais disparaître de la ferme le cheval et le bœuf. On pourra réduire le nombre de têtes, on ne supprimera pas les espèces.

On a toujours besoin de fumier de ferme — on n'en a jamais assez — et mieux vaut donner ses soins à la fabrication de cet engrais type, lorsqu'il est soigné, que de l'acheter, en totalité, au hasard. Un cheval se monte, ou s'attelle, à volonté, pour

(¹) Ce n'était pas l'opinion de M. de Gasparin. Mais tout dépend du point de vue auquel on se place. M. de Gasparin préférait que l'on achetât les fumiers, comme il aurait désiré que le viticulteur vendît la vendange à autrui, au lieu de fabriquer le vin. (BARRAL, *Journ. d'agricult. prat.*, 20 sept. 1862, *article* : M. DE GASPARIN.)

Cependant M. de Gasparin n'a pas toujours pensé ainsi, théories à part, puisqu'il a plaint la *détresse des fermes où l'on a peu de bétail* (t. I, p. 681).

franchir les distances. Le bœuf et lui servent à traîner de lourds fardeaux (sacs de grains, futailles pleines, fumiers, etc.). Tous deux servent à la charrue, bien plus sûrement et avec moins de frais, dans la petite exploitation, qu'une machine à vapeur, serait-ce la plus simple et la plus transportable *(locomobile)*. Et pendant que l'un et l'autre travaillent de force, la jument et la vache donnent du lait (¹), ou nourrissent leurs poulains et leurs veaux, si on ne préfère les atteler. Puis, un jour, lorsque l'âge a enlevé à chaque espèce ses qualités principales, et lui a rendu le travail trop pénible, quelques mois de repos et une nourriture peu coûteuse livrent, à l'alimentation, des animaux d'un placement facile et lucratif.

Le mulet et l'âne sont des animaux qui peuvent suppléer, à un moment donné, le cheval, et qu'il serait injuste d'oublier.

Travail comparé des herbivores de trait. — Le cheval est susceptible de vigoureux efforts *(coups de collier)*, que ne donne pas le bœuf. Celui-ci travaille plus régulièrement et d'une manière continue; il supporte longtemps un travail accablant et est aussi bon, dans les labours profonds, dans le labourage des terrains durcis et sur les pentes escarpées, que le cheval est alors impatient, fatigué et comme découragé. La vache se gouverne plus difficilement

(¹) En travaillant quatre à cinq heures par jour, maximum, une vache ne perd qu'un quart de son lait; bien nourrie au trèfle vert, elle ne donne pas de perte sensible. L'industrie de la fromagerie se rattache aussi à l'élève des herbivores domestiques.

que le bœuf et sa force est moindre. Le mulet, d'une allure moins vive que celle du cheval, porte mieux que lui les fardeaux; il tire avec plus d'égalité, bien qu'avec moins de vivacité; il résiste mieux à la fatigue et est moins délicat pour sa nourriture.

L'âne est plus faible que le mulet, mais il est encore plus sobre. S'il devient rétif, c'est qu'il a été maltraité injustement (¹). Son service économise souvent un cheval, pour les petites courses et le transport des produits du jardin.

Herbivores à laine. — Les moutons et les brebis sont, très certainement, des animaux à annexer à la ferme, lorsque les pâturages ne manquent pas. Leur laine, leur lait, leurs agneaux, leur peau et finalement leur chair, s'ajoutent, comme revenu, à l'engrais très chaud qu'ils ont produit pendant six ou sept ans. Leur tonte s'opère à la belle saison, vers le mois de mai. La brebis conserve son lait sept ou huit mois. Les agneaux se vendent au bout de six semaines environ. Les moutons destinés à la boucherie s'engraissent à partir de leur seconde, ou de leur troisième année, lorsqu'on veut obtenir une chair tendre et de bon goût. La chèvre est encore, par son lait et ses chevreaux, une bonne source de revenu, et le poil de plusieurs espèces sert à tisser des vêtements de grand prix. (Ex. : *cachemire*.)

Alimentation des herbivores. — La nature

(¹) La loi du 2 juillet 1850 punit les auteurs de mauvais traitements exercés publiquement et abusivement envers les animaux domestiques. (*Bulletin des lois*, 10ᵉ série, nº 2261.)

des aliments distribués aux grands animaux de travail varie selon les ressources du pays et le prix des fourrages. Néanmoins l'animal a toujours besoin d'*aliments azotés*, pour réparer les pertes qu'éprouvent ses tissus, et d'*aliments carbonés*, pour fournir à sa respiration. Il doit, en outre, avoir le temps normal de consommer sa ration, question beaucoup plus importante pour le cheval, que pour le bœuf, qui *rumine* dès qu'il trouve une minute de repos.

Dans les travaux pressés, qui tendent à diminuer le repos, une partie de la ration de foin est remplacée, à cet effet, par de l'orge, de l'avoine et autres graines très nutritives sous un faible volume.

Les herbivores à laine se nourrissent facilement au pâturage et au moyen de l'herbe qui croît le long des chemins.

Aération des locaux, etc. — Faire travailler les animaux, bien les nourrir, ne suffit pas. On oublie trop souvent que lorsque la mauvaise saison, où les soins à donner à ces bons auxiliaires forcent à les abriter, l'abri ne doit pas être pire que l'abandon au milieu de la prairie.

Sous le toit, aussi bien qu'aux champs, un air pur est nécessaire à tous les animaux.

Nous connaissons sommairement la composition de l'atmosphère (¹). La pratique démontre qu'en ajoutant aux deux gaz essentiels de l'air (l'*oxygène* et l'*azote*), de la vapeur d'eau et une très petite

(¹) Voir chap. VIII, *Labours*, p. 46, note 1.

quantité d'acide carbonique, on arrive à représenter exactement le milieu dans lequel nous vivons normalement.

Il est bien entendu que les orages ajouteront à la vapeur d'eau et à l'acide carbonique un peu de gaz ammoniac et d'acide azotique, par suite des actions électriques [1]. Il est non moins entendu que des gaz sensibles à l'odorat, ou seulement perceptibles aux réactifs chimiques pourront, accidentellement, se répandre dans l'atmosphère, et que des poussières, ainsi que des corps particuliers appelés *miasmes*, *microbes*, etc., pourront s'y trouver très fréquemment en suspension. Cependant telle n'est pas la composition chimique de l'air.

Si l'acide carbonique devient trop abondant dans l'écurie, dans le parc, par suite de la respiration des herbivores et des dégagements du fumier, etc., les animaux éprouvent le même malaise que ressent l'homme, dans les salles encombrées d'assistants et insuffisamment ventilées [2]; mais avec ces deux points aggravants : que les pauvres bêtes ne se plaignent pas, et que l'homme, en général plus élevé de taille qu'elles, ne se rend pas compte aussitôt du danger, car l'acide carbonique, moins léger que l'air, gagne les parties basses du local et s'y accumule [3].

[1] Voir chap. V, *Irrigations*, p. 30.
[2] Voir chap. VIII, *Labours*, p. 45.
[3] La *Grotte du chien*, à Pouzzoles, près de Naples (Italie), est célèbre par ce phénomène. Le guide et le visiteur pénètrent sans danger dans la grotte, avec une torche allumée, tandis que le chien qui les accompagne s'affaisse promptement, sous l'effet d'une menace d'asphyxie.

Tous les agronomes signalent ce péril caché, beaucoup plus commun qu'on ne le pense, et qui entraine, chaque année, la perte de quelques troupeaux de bêtes à laine, placés en contre-bas des parcs, ou des locaux dans lesquels se préparent des liquides fermentés.

Soins à donner aux animaux. — Aérer les écuries, les parcs, les étables est donc une nécessité (1) aussi grande que de labourer la terre.

Cependant, à côté de la ventilation ménagée, se trouve l'excès contraire : l'arrivée exagérée de l'air, sous forme de courant permanent *(courant d'air)*. La fluxion de poitrine (pneumonie) est la conséquence de cette exagération de ventilation.

Les animaux ont, comme nous, une respiration qui s'exerce par la peau *(respiration cutanée)* et qui complète la grande respiration pulmonaire. En dépit de leur épais revêtement, ils ressentent les changements subits de température, surtout lorsqu'ils sont immobilisés à la suite d'un exercice violent. Le cheval est principalement sensible à ces variations. Les grandes compagnies de transport de voyageurs (Cie des tramways, etc.) ont, pour ce motif, un bassin d'eau tiède, pour baigner les animaux venant de travailler, et les cochers soigneux jettent une couverture de laine sur leurs chevaux arrivés, couverts de sueur, au point de stationnement.

(1) Une commission de l'Institut de France a constaté, sur la demande du ministère de la guerre, qu'un cheval a besoin de 18 à 20 mètres cubes d'air, par heure, dans une écurie close. Une vache laitière exige la même quantité d'air.

Les fonctions de la peau ainsi reconnues, on comprend aussitôt la grande convenance de tenir les animaux propres. La beauté du poil et l'aspect général des chevaux et des bœufs se ressentent, du reste, de ce nettoiement, qui devient encore plus indispensable pour les vaches laitières et les bêtes à laine.

En ajoutant à l'aération et à la propreté, une nourriture substantielle et régulière, durant le séjour sous le toit ; du foin, de l'avoine, sans poussière ; de l'eau de bonne qualité, un local sec, des litières saines et renouvelées, la suppression des odeurs de la fosse aux engrais, de bons traitements et l'habitude de la voix — (les animaux ne sont pas insensibles à la voix de leur panseur) — on mettra les hôtes de l'écurie, du parc et de l'étable, dans les meilleures conditions voulues.

Maladies contagieuses. — Maintenant si, par malheur, la maladie frappait un animal et que le cas parût suspect (*morve, péripneumonie contagieuse, rage, clavelée,* etc.), alors s'imposerait l'isolement préventif et rigoureux, suivi immédiatement de la déclaration obligatoire et, plus tard, de la désinfection complète des locaux contaminés ([1]).

Le médecin vétérinaire et les agents de l'autorité locale sont là, d'ailleurs, pour juger des dispositions à prendre et les faire exécuter suivant le cas.

Animaux de basse-cour. — Si le cheval, le bœuf, la vache, le mouton sont utiles, ne croyons pas que la basse-cour soit à mépriser dans la ferme. On trouve

[1] Loi du 24 juillet 1881.

en elle le complément de l'exploitation rurale, comme alimentation et comme revenus propres à soutenir le cultivateur, dans les mauvaises années de récolte, après avoir journellement augmenté son pécule, durant les jours d'abondance. Les poulets, les canards, les dindons, les oies, sans oublier les pigeons au colombier et le pourceau dans son parc, ont toujours une valeur. Les œufs, les couvées écloses, la plume, la graisse, les jambons, les préparations culinaires appelées *confits*, qui sauvent la ménagère un jour où surgissent des convives inattendus et bien disposés, démontrent l'utilité de la basse-cour.

Nous savons aussi combien les excréments des volatiles donnent un engrais propre au jardinage, et combien la nourriture des espèces compte pour peu à la campagne, où elles vivent, une partie de l'année, de vers, d'insectes, de limaçons, de graines oubliées et perdues sans elles, de marcs jetés au fumier et de détritus de ménage.

Le poulailler doit être chaud (le voisinage de l'étable lui convient très bien). La poule commence à pondre en février et ne cesse qu'à la fin de l'été. Elle donne de 15 à 20 œufs par mois, si on ne la laisse pas couver. La couvée est habituellement de 18 à 20 œufs, et les *poussins* sortent de la coquille vingt jours après le commencement de l'incubation. Les petits poulets demandent du maïs à petit grain, de la mie de pain détrempée, du chènevis, des grains cuits, etc. Ils sont avides de viande et d'insectes.

Les canards pondent de 8 à 16 et 18 œufs, suivant les espèces, et couvent un mois. L'enlèvement des premiers œufs peut pousser la ponte à 40. Ces volatiles n'exigent pas de soins et mangent de tout (maïs, pommes de terre, son, débris de cuisine). Ce sont de grands destructeurs de limaçons, etc.

Les dindons pondent de 15 à 20 œufs, de deux en deux jours, et les cachent. Il faut surveiller la femelle, réunir ses œufs sur de la paille ou du foin sec et lui donner 15 à 20 de ces œufs à couver. Au bout de trente à trente-deux jours, les jeunes naissent, mais la mère abandonne souvent les œufs non éclos, qu'il faut donner à une autre couveuse. Les petits craignent le froid. Avant de les conduire aux champs, on les nourrit quinze jours, de mie de pain et d'œufs durs mêlés ; de viande hachée avec des pommes de terre ; d'insectes, etc. A deux mois ils tombent malades, ne mangent plus, et exigent alors de la pâtée et même du vin chaud, pendant une semaine.

Les oies ne pondent qu'une fois par an et couvent, de vingt à trente jours, leurs œufs, au nombre de 8 à 10. Les jeunes cherchent leur nourriture et vont à l'eau à peine nées. Elles mangent des insectes, des graines, des herbes aquatiques.

La femelle du pigeon pond habituellement deux œufs, trois à quatre fois par an, et couve avec le mâle, durant douze à quinze jours. Les petits sont nourris dans le nid, par leurs parents et cela d'une façon toute particulière. La nichée comporte presque toujours un mâle et une femelle.

CHAPITRE XIII

PRAIRIES

Terre des prairies naturelles. — Les prairies demandent une terre fraîche. On conçoit que leurs herbages, coupés fréquemment par la dent des animaux envoyés au pacage, ont besoin d'une humidité constante pour s'élancer. Toutefois, un excès d'eau entraîne la dégénérescence de la culture et donne prise aux joncs et aux plantes de marécage. Avec un sol frais et peu profond, on réussit même mieux qu'avec des couches épaisses de terre végétale, qui sont trop favorables au développement des *carottes sauvages*, des *gentianes*, des *bardanes*, des *chardons*, etc.

Création des prairies. — La rapidité avec laquelle les terrains abandonnés se recouvrent immédiatement de verdure, démontre combien il est facile de créer une prairie, et la présence des herbivores à la ferme explique l'utilité de cet emploi du terrain. La prairie, en somme, donne toujours la pâture en vert, ou le foin, et souvent les deux modes de nourriture, peu importe l'année. Le cultivateur reste le propre fournisseur de son exploitation et défie la concurrence. Après avoir nourri ses animaux et fait l'élève du bétail, il fume sa terre avec ses engrais. Aucune culture n'est d'ailleurs moins incertaine, aucune n'exige moins de soins et d'argent, aucune ne résiste mieux aux vicissitudes des saisons, que celle des prairies.

Les premiers matériaux d'ensemencement d'une prairie se trouvent facilement dans les balayures des greniers à foin. On aplanit au rouleau le sol défriché, on sème à la volée, on passe la herse et on interdit le terrain durant un an.

S'il s'agit d'une prairie déjà en exploitation, on respecte absolument son *gazon* et on se contente de semer des graines de choix, précédées d'une bonne fumure. Les graminées habituelles des prairies se composent elles-mêmes un *terreau*, avec les années. Leurs racines, nombreuses et minces, ressemblant à des touffes de cheveux *(chevelu des racines)*, se renouvellent, et les vieilles radicelles pourrissent, en renforçant et en enrichissant la couche végétale (¹). Or, ce n'est qu'au moment où la terre est ainsi *gazonnée*, que la prairie est dans tout son rapport et ne demande plus que des fumures très espacées.

Pâturage. — L'exploitation d'une prairie s'opère, tantôt en faisant pacager les animaux sur place, tantôt en fauchant l'herbe pour obtenir du foin.

Les moutons et autres herbivores arrachent les meilleures plantes et les dévorent jusqu'aux racines, si l'herbe est trop rare. Le broutement persistant

---

(¹) Chaque année, les feuilles mortes, les excréments des animaux, les fumures, les amendements ajoutent une petite pellicule de terre végétale au sol primitif. Les graminées poussent de nouvelles racines dans la nouvelle couche, pendant que les anciennes meurent et pourrissent. Ainsi s'établit ce qu'on appelle le *gazon*.

des tiges et des feuilles, à mesure qu'elles sortent de terre, a pour second résultat de rabougrir l'herbe. Une juste proportion est donc à observer, entre la superficie du terrain et le nombre des animaux mis au pacage.

Herbage. — Le nom d'*herbage* est réservé aux prairies uniquement destinées à la production du foin. L'herbage convient aux pays assez chauds pour que la récolte fauchée puisse sécher sur le pré, avant d'être rentrée dans le grenier. Dans les climats tempérés, il est habituel que la prairie soit, tour à tour, un pâturage et un herbage ; un pâturage, l'automne et l'hiver ; un herbage, le printemps et l'été, par l'exclusion des animaux, au moment voulu. Les pays où le fanage est compromis par les pluies et les brouillards annuels sont les seuls dans lesquels se pratique le pâturage constant.

Soins à donner à la prairie. — Sans exiger de grands soins, les herbages et les pâturages demandent néanmoins que les herbes parasites soient arrachées, surtout avant la maturité de leurs graines, pour éviter les semis naturels, car les seules plantes à admettre dans une prairie franche sont les graminées de petite taille, à tige souple, comme les *Poa*, la *Houque laineuse*, la *Fétuque verte*, etc.; les *Pissenlits* étouffent les véritables herbes, sous leurs larges rosaces de feuilles ; les tiges de *Carottes* donnent un foin trop dur ; les *Mélampyres* et les *Rhinanthes* sont des fléaux, etc. Tout cela doit être détruit.

L'étaupinage (destruction des taupes), l'entretien

des rigoles et des fossés d'écoulement, l'éloignement du bétail, durant les temps trop humides, afin d'éviter le piétinement des herbes, ne sont pas des mesures à négliger, pas plus que l'aménagement de l'abreuvoir et quelquefois la division de la prairie en enclos successivement livrés aux animaux.

Prairies artificielles. — Le sol ne permet pas toujours, par sa nature, de maintenir indéfiniment une prairie en bon état. Le défrichement devient une nécessité, et les plantes que l'on nomme *légumineuses* (¹) sont, habituellement, celles qui conviennent le mieux au terrain que les herbages ont épuisé.

Les vieilles prairies ont perdu beaucoup d'*azote*, mais elles ont retenu beaucoup de *carbone*, et leur sol n'est devenu, par cette acquisition, que plus poreux et plus meuble, en même temps qu'il a acquis un principe très utile à la végétation (le *carbone*).

On trouve dans l'explication du fait, la raison d'être des prairies artificielles. Il reste à choisir les *légumineuses* qui s'adapteront à la nature du sol.

Légumineuses. — Quelles sont les *légumineuses* susceptibles d'être cultivées avec avantage, dans nos régions tempérées, autrement dit, dans le midi de l'Europe, entre la mer Méditerranée et la mer du Nord (pour avoir une idée à peu près exacte de la situation géographique, relativement au climat)?

(¹) Nom tiré de leur fruit en gousse, dit *légume*. Il ne faut pas les confondre avec les *plantes potagères* appelées *légumes* par les ménagères.

Ce sont : le *lupin*, la *luzerne*, le *trèfle des prés*, le *farouche* (trèfle incarnat), le *sainfoin*, les *vesces*, les *pieds-d'oiseau*, etc.

Le *lupin* se sème en automne ; il résiste au froid (jusqu'à 12 ou 14 degrés) : au mois de juin, il est développé, et on peut l'enfouir en vert, car en cela réside son principal avantage, son amertume éloignant le bétail. Le lupin prospère facilement partout, sauf dans le calcaire.

La *luzerne* se sème, soit de bonne heure, soit au printemps, en terre fraîche ; elle craint cependant la gelée, tant qu'elle n'est pas fortement enracinée ; elle exige un labour profond et des sarclages qui la débarrassent des mauvaises herbes. Cette plante se fauche chaque fois qu'elle est en fleur. Après la première année, elle fournit plusieurs coupes. Son défaut est de causer le gonflement (*météorisme*) des animaux, lorsqu'elle leur est prodiguée.

Rien n'est plus commun que le *trèfle des prés*. Climats humides, ou climats secs après le printemps, tout lui convient, bien qu'il préfère les terres fraîches. Le trèfle demande du calcaire. Malheureusement, la production de la première année est faible, et au bout de trois ans, le sol est épuisé.

Le *trèfle incarnat* vient très bien dans les terrains secs. Une fois sorti de terre, il ne craint plus la sécheresse. Il meurt après avoir grainé, et les graines ensemencent elles-mêmes le sol avec abondance, lorsqu'elles tombent.

Le grand *sainfoin* est le salut du cultivateur. Olivier de Serres l'appelait une plante *valeureuse*. Pourvu qu'il ait de la chaux ou du plâtre, il végétera partout. Sa seule crainte est l'eau stagnante. Pour se rendre compte de la vivacité du sainfoin et de sa résistance à la sécheresse, sachons que ses racines descendent, s'il est nécessaire, jusqu'à deux mètres de profondeur. En terrain frais, il produira évidemment davantage qu'en terrain sec et donnera jusqu'à trois coupes. On le sème en automne et on le fauche en pleine fleur, pour ne pas laisser décroître les tiges, et perdre les feuilles, qui tombent.

Il a le seul tort de nuire aux arbres situés trop près de lui (2 mètres).

Le mélange des *vesces* et des *gesses* ne demande aucune préparation du sol. Les plantes se consomment en vert ou en sec. On les coupe dès qu'elles ont passé fleur, et on les fait manger de bonne heure, à cause des rats, qui dévorent la graine et imprègnent la paille de leur odeur désagréable.

Nous arrêterons cette trop longue nomenclature, au *pied-d'oiseau*, ou *trèfle semeur*, qui vient sans ensemencement, sur toutes les terres abandonnées provenant du curage des fossés. On cultive le pied-d'oiseau comme fourrage; il sert plutôt à l'enfouissement en vert.

CHAPITRE XIV

CÉRÉALES

Importance des céréales. — Les céréales appartiennent, sauf une seule espèce, qui est le *sarrasin*, dit *blé noir*, à la même famille que les herbes des prairies. Elles sont universellement répandues, et forment la base de l'alimentation de presque tous les peuples, grâce à leurs graines, chez lesquelles se trouvent réunis les principaux éléments de nutrition du corps de l'homme et de celui des animaux : l'amidon, le sucre, les corps gras, les sels minéraux phosphatés, chlorurés, alcalins, calcaires, etc. Leurs pailles servent aussi, nous l'avons vu, au coucher des animaux et à la fabrication des fumiers. Le cultivateur utilise, en outre, ces diverses pailles, pour construire des abris ; l'industrie les emploie pour tresser des paillassons de jardinage et pour faire des enveloppes de bouteilles. Les belles qualités (pailles de riz) donnent des objets de luxe (chapeaux, paniers à lingerie, etc.).

En ajoutant que les céréales produisent encore, même lorsqu'elles n'ont pas reçu tous les soins désirables (Ex. : *avoine, seigle*), on se rendra compte, sans hésitation, de la fréquence de leur culture et de leur rôle en économie domestique et sociale, car le pain à bon marché est un des meilleurs garants de la tranquillité publique, et le pain n'est que de la farine de céréales, pétrie à l'eau, *levée* (¹) et cuite au four.

Diverses céréales. — On désigne, sous le nom de céréales : le *Froment* ou *Blé* et ses nombreuses variétés; le *Seigle*, les *Orges*, l'*Avoine*, le *Riz*, le *Maïs*, le *Sorgho* et le *Sarrasin*.

Froment. — Le *froment* vient très probablement de l'Égypte. Sous un moindre volume que celui des autres céréales, son grain contient plus de matières nutritives. Son pain est plus cher, malheureusement, d'autant plus que le froment rend moins que les végétaux de son groupe.

La *minoterie* (fabrication des farines) distingue les grains qui cèdent sous la dent (*blés tendres*) (²), de ceux qui cassent dans cet essai (*blés durs*) (³).

Le froment se sème à l'automne ou au printemps. Sa floraison se passe en deux ou trois jours (au mois de mai), et la tige se dessèche, à mesure que le grain se développe et transforme son suc laiteux, en amidon solide. La moisson a lieu en juillet.

Cette céréale craint les sécheresses, comme les pluies persistantes au moment où elle mûrit; la tige est alors disposée à se coucher (*à verser*) sous le poids de l'épi. On doit choisir, par conséquent, pour cultiver le froment, une terre argilo-calcaire, dans les régions sèches; et, de préférence, des terrains

---

(¹) Voir chap. XVII, *Fermentation panaire*, p. 125.
(²) Ex. : Blé d'hiver commun; blé de mars commun; blé sans barbe d'Odessa, etc.
(³) Ex.: Blé de Pologne; blés dits Aubaines, etc.

siliceux amendés, avec des engrais phosphatés, dans les régions humides.

Seigle. — Le *seigle* est une céréale robuste, se contentant d'un sol pauvre, ne redoutant pas les mauvaises herbes, et mûrissant de bonne heure. Il est moins nourrissant que le froment, mais le pain que donne sa farine est bon et se dessèche moins vite que le pain de froment. Avec ces avantages, le seigle devait remplacer, sur beaucoup de points, les différentes variétés de blé. C'est en effet ce que l'on constate.

La variété la plus cultivée de l'espèce est le seigle d'hiver, que l'on sème à l'automne, comme le froment.

Orge. — L'*orge* s'étend plus au nord que le froment. Les espèces cultivées sont : l'*orge commune*, l'*escourgeon*, la *pamelle*, etc. Il leur faut des sols riches et résistants. Leur germination est prompte, leur développement, hâtif, mais il faut les scier promptement, parce que le grain se détache avant sa complète maturité.

C'est en grande partie à la fabrication de la bière que l'orge en grain est employée. En Asie elle sert à la nourriture des chevaux.

Cette plante ne redoute guère que les terrains humides.

Avoine. — L'*avoine* vient dans tous les sols et a le grand avantage de ne pas épuiser ceux qui sont tant soit peu fumés. Sa résistance à la sécheresse et aux mauvaises herbes, jointe à son indifférence du terrain, en font une céréale rustique par excellence, et fréquemment une culture accessoire, pour préparer le sol. Les variétés les plus répandues appartiennent à *l'avoine commune* et se sèment en hiver, ou au printemps.

L'avoine mûrissant très bien en gerbe, on la coupe dès que la moitié des grains est mûre. Sinon, elle s'égrène.

On n'emploie plus guère le grain de cette céréale que pour l'alimentation des chevaux.

Méteil. — On appelle *méteil,* un mélange de céréales semées et récoltées ensemble. Ces mélanges consistent en froment et orge, en froment et seigle, etc. La graine dominante est toujours celle qui se rapporte le mieux au terrain.

Maïs. — Le *maïs,* très utile pour l'élève du bétail et de la volaille, et qui remplace le blé, dans l'alimentation de quelques pays, est une plante qui se cultive au sarcle. Ses variétés sont nombreuses.

Le maïs demande du fumier et de la chaux. On le sème en allées. Il est très sujet au *charbon.*

Riz. — Quelques essais de culture du *riz* ont été faits en France. L'insalubrité qu'entraîne le travail de cette céréale, plante néanmoins si utile, et dont la graine est un précieux aliment, a fait renoncer à cette exploitation agricole.

Le riz est une plante originaire des pays chauds et des marécages ; tout le monde connaît son grain ; bien peu savent la désolation et la mort qu'il jette autour de ceux qui le cultivent.

Sorgho. — Le *sorgho* est encore plus productif que le maïs. Son grain est très apprécié comme nourriture, par divers peuples d'Afrique. La paille qu'il donne est en quantité énorme. Il se plaît dans les alluvions de rivière et constitue alors une plantation des plus avantageuses, si on a l'écoulement de ses produits.

Sarrasin. — On cultive peu le *sarrasin*, parce que cette plante est très délicate. Il lui faut des terrains meubles, un climat humide; pas de vents ni de gelées. La Bretagne se prête très bien à cette culture, qui n'épuise pas le sol et qui convient parfaitement aux terrains défrichés que l'on destine à la culture du blé.

Chaulage des grains. — Pour éviter les déprédations des animaux et le ravage des moisissures, l'agriculteur a imaginé d'enduire de matières nuisibles à ces espèces, les semences confiées à la terre. L'opération, d'abord faite au moyen de la chaux, a conservé le nom général de *chaulage*, mais c'est aujourd'hui avec des substances très différentes que s'opère la préservation du grain.

Pour le blé, on emploie le sulfate de cuivre; on est même allé jusqu'à l'arsenic.

Le sulfate de fer (couperose verte) a été aussi utilisé. Ce sel a un autre avantage : en apportant des sels de fer dans la terre, il combat *l'anémie* des plantes. Son emploi doit être modéré, et surveillé dans le traitement de la chlorose.

Le plâtre, la décoction de coloquinte, la décoction d'ellébore ont été employés pour le maïs, etc.

CHAPITRE XV

PLANTES TEXTILES

Fibres textiles. — La plupart des plantes sont susceptibles de donner des *fibres textiles* (filaments végétaux propres à la confection des vêtements tissés), de même que l'on voit employer, dans l'industrie de l'habillement, la soie sécrétée par certaines chenilles, le poil des chameaux et de la chèvre, la laine des ruminants tels que les moutons.

Néanmoins, les plantes exploitées par les fabricants de tissus se bornent à quarante espèces environ, parmi lesquelles les plus importantes sont : le *Coton*, le *Chanvre*, le *Lin* et la *Ramie*, dont nous nous occuperons ; et l'*Alfa* des Arabes, la *Jute* du Bengale, le *Phormium* de la Nouvelle-Zélande, le *Sparte* d'Espagne, que nous nous contenterons de mentionner.

Coton. — Le coton est le duvet qui protège, dans leur cosse, les semences de quelques arbrisseaux exotiques, très voisins de nos modestes *mauves* des champs et de nos *Passe-Roses*. On récolte les *cosses* lorsque le soleil les a fait entr'ouvrir et on extrait le duvet, aussi délicatement que possible, à l'aide de machines spéciales. De l'opération et du pays d'origine dépend la valeur du coton.

Le *Cotonnier* (arbrisseau ou herbe à coton) aime

les sols secs et sablonneux, voisins de la mer. Il vient dans la Caroline, la Louisiane et les Guyanes, les Antilles, le Bengale, l'Égypte. Ses fibres, vues avec un fort grossissement (les industriels se contentent du petit instrument appelé *compte-fil*, qu'ils ont l'habitude de manier), se présentent en petits tuyaux aplatis, transparents dans l'eau, et portant, par recroquevillement, un bourrelet latéral de chaque côté, sur toute leur longueur.

Chanvre. — Nous avons naturalisé le chanvre, de l'Asie, en Europe. Il faut distinguer, dans la récolte, le chanvre mâle, qui jaunit le premier, et le chanvre femelle, qui n'est mûr qu'un mois après et dont la graine, séparée au moyen de l'*égrugeoir*, est le *chènevis*, si aimé des oiseaux.

Le chanvre arraché est d'abord séché au soleil, et mis ensuite en entier dans l'eau, pour y subir l'opération du *rouissage*. A la faveur de ce *rouissage*, qui est une détrempe, une matière gommeuse, mélangée de résine, qui relie les fibres des tiges, se détruit par fermentation et laisse libres les filaments textiles. Les tiges, de nouveau séchées, après le *rouissage*, sont débarrassées des débris d'écorces, soit à la main *(teillage)*, soit à la mécanique *(broyage, ribage)*, et les filaments expurgés d'impuretés *(filasse)* sont, en dernier lieu, rendus aussi fins que possible *(affinés)*. Cet affinage reçoit le nom de *peignage*, ou de *sérançage*, en termes de métier, à cause du *séran*, ou peigne, qui sert à délier la fibre.

Les brins de chanvre, ainsi préparés, se montrent

sous la forme de tubes, avec traces de cloisons garnies de filaments extérieurs.

Comme terrain, le chanvre aime les sols frais et n'est avide que de chaux.

Lin. — Le lin est cultivé sur une grande échelle, en Russie, en Belgique, en Hollande, en Angleterre, en Allemagne, en France, etc. Il est peu difficile sur le choix des terrains, pourvu qu'il ait de la fraicheur et qu'on le débarrasse des plantes étrangères, de la *cuscute* entre autres, qui détruit les *linières* avec acharnement (¹).

Dès que le lin jaunit, on l'arrache, on le met en petites bottes, pour le faire sécher, et on le soumet au *rouissage,* après avoir séparé les graines, ce qui s'obtient en frappant les sommités des tiges, avec une *batte,* ou en les peignant.

Après le rouissage et le teillage, les filaments *(filasse)* du lin ressemblent beaucoup à ceux du chanvre, mais ont plus de finesse et ne montrent pas de filaments au niveau des cloisons.

Dans les opérations de rouissage du lin, ou du chanvre, on emploie, suivant les pays, l'eau courante, ou l'eau stagnante contenue dans des fosses *(routoirs)*. Le premier procédé est moins insalubre que le second, mais il infecte les rivières, lorsqu'il s'agit du chanvre, et les poissons meurent. Une troisième méthode est le *rouissage sur terre,* usité en Belgique. Le rouissage du lin exige beaucoup de précautions, si on veut obtenir un produit irréprochable. Les qualités supérieures reçoivent quelquefois un double *rouissage* à l'eau courante. On les met dans l'eau plus ou moins

(¹) Il faut sacrifier, sans hésitation, la partie envahie par la *cuscute.*

longtemps (de 5 à 20 jours) (1), au printemps qui a suivi la récolte; au bout de ce temps, on fait sécher les tiges humides, sur une prairie, et on les remet en grange, pour attendre le second rouissage, qui aura lieu l'année suivante. Si l'on renonce à ce second rouissage, on laisse le lin de 30 à 35 jours sur la prairie (*lins blancs*). Les qualités inférieures sont rouies dans l'année même.

Ramie. — La Chine, qui n'est pas toujours le pays singulier que l'on se figure, emploie depuis longtemps, comme matière textile, les fibres d'une plante, de la famille des *Orties* et que l'on appelle *Ramie blanche*. La ramie a été transportée en Europe et se cultive déjà en France. La seule difficulté de son emploi se trouve dans le décorticage.

La ramie est appelée à remplacer prochainement le lin et le chanvre, tant sa rusticité est grande et sa culture facile. Sa fibre, soyeuse et résistante, est d'une durée supérieure à celle du chanvre et du lin.

---

(1) On se sert de caissons carrés nommés *ballons*, largement percés à jour et pouvant contenir 120 bottes de 5 kilogrammes chacune. Les ballons, une fois chargés de paquets placés verticalement, et recouverts de paille et de planches maintenues par des pierres, sont descendus dans l'eau. L'eau doit être limpide et le courant faible.

CHAPITRE XVI

JARDIN

Distribution du jardin. — La culture des arbres s'accommode fort mal avec celle des légumes. Toutes les fois que le jardin fruitier et le potager peuvent être séparés, aucune hésitation n'est possible dans l'affectation du terrain : d'un côté seront les légumes, de l'autre, les arbres à fruits. C'est encore une question d'aération, de respiration végétale, et aussi de travail du sol, le guéret à donner aux arbres pouvant nuire aux légumes.

La disposition générale du jardin n'a pas, au surplus, de changements sérieux à recevoir, qu'il s'agisse des légumes ou des fruits. Pour la facilité de la culture et de l'exploitation, une allée centrale, accessible aux véhicules, permettra dans les deux cas de rendre à pied d'œuvre les fumiers, de semer, de planter, d'arroser commodément, et d'emporter les récoltes, sans surcroît de main-d'œuvre et sans perte de temps. Des voies secondaires, de largeur proportionnée à celle de la grande allée, s'étendront parallèlement à celle-ci ; d'autres la couperont perpendiculairement, de manière à diviser le jardin en grands carrés. A leur tour, ces carrés se subdiviseront en plates-bandes (planches) étroites, longues, espacées les unes des autres, de 35 à 40 centimètres.

Les murs, s'il en existe à l'exposition de l'est ou du sud-est, serviront toujours pour les treilles, les espaliers, les plantes grimpantes, etc.

Les haies, que l'on détruit beaucoup trop, pourront être formées de végétaux exploitables (rosiers à cent feuilles, framboisiers, groseilliers, genévriers, etc.) et encore mieux d'aubépine, bon refuge pour les passereaux, ces grands destructeurs d'insectes [1].

Cette distribution d'ordre intérieur, que chacun peut modifier dans le détail, suivant les besoins de la culture, cède le pas à une autre condition d'établissement, sans laquelle il n'est pas de jardin possible. Nous voulons parler de la proximité et de l'abondance de l'eau, sans omettre les qualités que doit réunir ce liquide [2]. A défaut de ruisseau, le jardin doit avoir à sa disposition un bon puits, et si l'espace est grand, l'eau puisée, ou pompée, pourra circuler dans des conduits mobiles, pour gagner des citernes distribuées sur divers points. Le travail du jardinier sera moins fatigant et plus vite achevé.

Dans le coin le moins en vue, on n'oubliera pas d'amonceler tous les détritus : herbes de sarclage non grainées, plantes vertes coupées, épluchures

[1] La protection due aux petits oiseaux et à leurs couvées est toujours trop oubliée, en dépit des nombreuses pages écrites à ce sujet. Le plus pillard des passereaux, — le moineau, — si maltraité par Buffon (*Œuvres complètes*, édition Furne, t. V, p. 394), dévore autant d'insectes qu'il mange de graines, et, à côté de lui, les pinsons, les alouettes, les fauvettes, les étourneaux, les hirondelles, etc., détruisent journellement les larves, les papillons, les chenilles, les hannetons, les fourmis, les sauterelles, etc.

[2] Voir chap. *Irrigation*, p. 29.

de fruits, limaçons écrasés, etc. Ce petit recoin deviendra la fabrique de terreau du jardin.

Une excellente mesure, pour assurer l'ordre, l'économie et l'abondance de la récolte potagère, consiste à occuper chaque planche d'un carré par une seule espèce de plante, toutes les fois, du moins, que l'on pense avoir l'emploi de la quantité récoltée.

La culture potagère comporte, en effet, des assolements et une rotation. Semer constamment des graines identiques dans la même planche est une erreur et surtout une dépense en pure perte. Les semis successifs et les repiquages, réglés par une rotation intelligente, obligent, au contraire, à tenir toujours le sol en haleine et à lui prodiguer les fumiers.

Quel terrain faut-il prendre pour établir un jardin? Une terre meuble, légère, très certainement; mais comme on est fréquemment obligé de prendre le sol que l'on possède, c'est au jardinier qu'il appartient d'approprier son terrain à toute espèce de culture, par des amendements, des fumiers, et des engrais chimiques (¹).

Les idées générales dont le cultivateur doit se pénétrer en fait de jardinage, sont à peu près celles que suggère toute agriculture : planter en sol profond les végétaux à racine pivotante ; fumer abondamment, avec des fumiers sains et enfouis après fermentation, à moins que la terre ne soit trop froide et ne demande des fumiers neufs ; utiliser les débris

____

(¹) Voir chap. *Engrais chimiques*, art. *Culture intensive*, p. 65.

de feuilles, avant de les jeter au terreau, pour faire des *paillis,* abris protecteurs des cultures qui craignent le soleil ou la gelée ; sarcler les mauvaises herbes avant la venue de leurs graines ; bêcher le sol avant les gelées ; arroser au printemps, le soir, et en été, après la chaleur, et préférer l'eau fraîche à l'eau tiède, si l'on ne veut forcer prématurément les feuilles des légumes ; organiser enfin la chasse aux limaces, limaçons, larves de hannetons, chenilles (¹), insectes, taupes et rats.

On enfouira toujours les cadavres des serpents, des rats, des taupes, des lézards, des oiseaux, et, à plus forte raison, ceux des grands animaux. La chair corrompue attire les mouches, et les mouches repues de matières en putréfaction peuvent occasionner des maladies mortelles, comme le *charbon,* lorsqu'elles abandonnent les corps morts, pour se jeter sur l'homme et le piquer. En cas d'accident, on fera immédiatement saigner la plaie, et on la cautérisera avec quelques gouttes d'ammoniaque liquide, en attendant l'arrivée du médecin.

L'ammoniaque liquide est aussi très utile pour traiter, loin d'autres secours, les morsures occasionnées par les crochets des vipères. Étendue d'une forte quantité d'eau, elle est employée, avec non moins de succès, contre les piqûres des abeilles. Cet agent serait absolument insuffisant, devant la morsure d'un animal enragé, et il faudrait avoir recours, sans délai, à la *cautérisation* au *fer rouge,* traitement qui n'a, d'ailleurs, rien d'effrayant que son nom : plus la chaleur est extrême, moins la douleur est vive !

(¹) L'échenillage est une prescription légale: *Loi du 26 ventôse an IV. Code pénal,* art. 471.

Couches. — Indépendamment de sa distribution, de son système d'arrosage et de son dépôt de terreau, le jardin doit avoir des *couches*, pour semer les fleurs et les légumes précoces. On monte les *couches* avec du fumier frais de cheval et du terreau, disposés en lits bien foulés et nivelés, sur une largeur habituelle de plate-bande (1m30) et sur une profondeur de 20 centimètres dans le sol, sans compter la partie extérieure maintenue par les cadres de bois *(coffres)*.

Il reste à surveiller le premier travail de la couche, et à arroser, si la chaleur devient trop forte. Dès que la couche a *jeté son feu*, on commence les *semis*.

Semis. — Les semis en pleine terre se font, au contraire, à époque calculée, de telle façon que la plante venue de graine puisse arriver à maturité, avant que la température journalière qui lui est nécessaire, ne se soit définitivement abaissée. Le développement particulier de la plante est donc le principal guide de l'époque de l'ensemencement de la graine, dans la culture en dehors des couches.

Les terres chaudes s'ensemencent plus tôt que les autres. Dans les terres chaudes et sèches, on met la graine plus profondément que dans les terrains humides et froids. Partout on la recouvre d'autant moins qu'elle est plus fine, mais on a toujours soin de fouler le sol, pour qu'elle s'attache à lui et qu'elle soit cachée aux yeux des oiseaux et des rats.

Instruments. — Quant aux instruments, le jardin n'en exige pas un grand nombre, pourvu qu'ils soient de première qualité et de bonne taille. On se contentera des suivants : pelle, bêche, pioche, binette, sarcle, râteau, serpette, sécateurs, scie à main, arrosoirs, et cloches ou châssis vitrés.

Végétaux malades. — Le feu, mais cette fois, le brasier, est encore un des meilleurs moyens de combattre les germes infectieux qui adhèrent aux feuilles et aux branches tombées. Les feuilles de vigne, de rosiers, d'arbres de toutes sortes, les pailles *rouillées,* contaminées par une moisissure quelconque, doivent être réunies, sans les agiter, par un temps humide, et brûlées en monceaux, le jour où elles sont sèches. Des milliards de *spores* (germes) disparaissent, par ce procédé, et les cendres, répandues sur place, apportent leur contingent d'engrais à la terre qui les reçoit.

Lorsqu'il s'agit de tubercules (pommes de terre, topinambours), ou de fruits (maïs *charbonné*), on peut recouvrir les matières de chaux vive, pour les décomposer. Nous préférons, toutefois, l'incinération. Le moyen est plus simple, et ne demande que quelques fagots de bois, pour former le brasier.

CHAPITRE XVII

VIGNE

Arbres et arbustes. — La culture des arbres et des arbustes est un des problèmes les plus difficiles que l'agriculture ait à résoudre, à cause de la question d'équilibre nécessaire entre la chaleur et l'humidité.

Les arbres et les arbustes, en effet, décroissent du midi au nord de l'Europe, suivant leur essence, et diminuent de valeur. L'Oranger, le Citronnier ne viennent plus en pleine terre, au delà de certaines limites. L'Olivier est aussi étroitement circonscrit. Le Figuier, qui accompagne l'Olivier, s'étend un peu plus au nord que lui. La Vigne, l'Amandier, le Châtaignier marquent une nouvelle étape vers le nord, où le Poirier, le Pommier et le Cerisier, quoique plus résistants, finissent par ne plus donner que des fruits âpres et rabougris.

Vigne. — La vigne, que nous prendrons pour sujet d'étude, indique, par sa présence, l'aire des régions tempérées. C'est une plante sarmenteuse (par conséquent grimpante), douée d'une végétation vigoureuse, ne craignant que les froids extrêmes et résistant aux sécheresses prolongées, pourvu que le terrain soit profond.

La vigne aime les sols mixtes, siliceux et caillouteux, plutôt qu'argileux ; cependant, elle s'accommode, en principe, de tous les terrains, car il n'est pas une seule nature de sol qui ne produise des vins renommés ([1]). Le choix des cépages, qui est subordonné au climat; l'exposition du vignoble et les soins particuliers donnés, tant à la plante qu'à ses produits, forment autant de facteurs qui procurent aux vins de chaque pays leur caractère spécial.

Pour le climat, chaque cépage exige un minimum de température, sans lequel il ne peut mûrir. Ainsi, planter du *Cabernet* à Paris c'est s'exposer à récolter du raisin vert ([2]).

Pour le cépage, introduire dans la Gironde les meilleurs *Pinots* de Bourgogne, n'amènera jamais le vigneron à reproduire le vin du Clos-Vougeot, et réciproquement, le *Cabernet*, expatrié en Bourgogne, se refusera toujours à fournir un produit rappelant celui du Château-Lafite.

Pour l'exposition du terrain, personne n'ignore qu'un coteau bordant une plaine formée de couches identiques aux siennes donne des produits faciles à distinguer, quoique fournis par un même cépage ([3]).

([1]) Terrain de craie (vins de Champagne); terrain de schistes argileux (Malaga); terrain granitique (vin de l'Ermitage); terrain calcaire, terrain marneux, terrain de calcaire magnésien (vins de la Côte-d'Or) ; cendres de volcan *(Lacryma-Christi)*, etc.

([2]) Consulter l'*Ampélographie* du comte Oudard, pour les époques de maturité et le minimum de chaleur totale concernant les divers cépages français :

Exemple :

1re époque : Raisin de la Madeleine, pour table (maturité au 20 août à Paris).

2e époque : Pulsart (Jura); pinot gris (Bourgogne), maturité au 7 octobre, à Paris.

3e époque : Merlot (Gironde), maturité au 20 octobre, à Paris.

4e époque : Cabernet (Gironde) ; gros noir (Gironde), pas de maturité à Paris, etc., etc.

([3]) L'observation a été faite, pour la première fois, dans la Côte-d'Or, par M. Vergnette-Lamothe.

Le mode de taille, la cueillette du raisin, les procédés de vinification sont ensuite à considérer (¹), à côté du choix des cépages. Certaines vignes demandent une taille basse; d'autres ne produisent pas facilement avant de s'être élevées, mais il est vrai que celles-là ne fournissent que des raisins de table. (Ex.: vignes de treille.) Les meilleurs *chasselas* n'ont jamais donné qu'un vin plat. Le mode de taille est donc encore le fruit d'une sage observation.

Culture de la vigne. — Le terrain destiné à la plantation de la vigne a besoin d'être débarrassé des anciennes racines et d'être largement fumé.

Deux modes de plantation sont principalement employés : les tranchées et le pal.

La plantation en tranchées se fait en ouvrant des fosses parallèles, dans lesquelles on place le sarment, et que l'on remplit aussitôt de terre foulée, en laissant déborder à l'air l'extrémité supérieure du bois. La profondeur de la tranchée est généralement de 40 à 45 centimètres; sa largeur est de 25 centimètres et on la porte souvent à un mètre en Médoc.

Le système du pal consiste à ouvrir un trou, au moyen d'un pal en fer, et à introduire le sarment dans ce trou, puis à tasser le sol autour du jeune plant.

Ces deux opérations se pratiquent depuis le moment de la chute des feuilles, jusqu'à l'apparition des premiers bourgeons sur les vignes déjà enracinées, pourvu que la terre ne soit pas gelée.

Après sa plantation, la vigne réclame l'ameu-

______

(¹) Voir, sous ce dernier rapport, le chapitre de la *Fermentation,* p. 122.

blissement du sol. La culture à bras se contente souvent de deux *façons;* quatre façons deviennent au moins nécessaires avec l'emploi de la charrue [1].

Au printemps, peu de jours avant de prendre son essor, la vigne, qui a pris racine, se gorge de sucs, et le sarment *pleure,* si on vient à le tailler. Ces *pleurs de la vigne* résultent d'un écoulement de *sève.* Aussi a-t-on soin, chaque année, de tailler les sarments au moment où la sève est en repos, et d'opérer dans les mêmes conditions de température que l'on observe pour les plantations.

Dès que la température moyenne atteint 9 à 10 degrés centigrades, les bourgeons se développent et les jeunes rameaux s'étalent. A 16 degrés, les feuilles sortent du bourgeon et forment une sorte de fourche avec les pédoncules qui porteront des grappes, ou qui resteront à l'état de vrilles. L'humidité favorise surtout le développement des vrilles, si elle est aidée d'une chaleur précoce [2].

A la température moyenne de 18°, la floraison s'opère et dure près de trois semaines. C'est alors qu'une odeur délicate, senteur mélangée de tilleul et de réséda, embaume l'air des pays vignobles (le matin et le soir, principalement).

En poursuivant sa marche, la vigne voit le grain

[1] Voir le chapitre des *Labours.*

[2] La végétation herbacée se fait constamment aux dépens de la production du fruit. Les viticulteurs doivent donc regarder, comme présage d'une bonne récolte, les hivers prolongés et les printemps secs, circonstances qui éloignent, d'autre part, la crainte des gelées, en présence d'une végétation en retard apparent, et qui diminuent les ravages des limaçons et des insectes, par les effets d'une pousse ultérieure très rapide.

se *nouer*, grossir et se gonfler, en devenant succu-
lent, sans cesser d'être vert et acide *(verjus)*, puis
changer de couleur et se sucrer peu à peu, de l'extérieur aux alentours des pépins.

La maturité définitive s'annonce par le brunisse-
ment du pédoncule de la grappe, le détachement
facile de ce pédoncule, le caractère gluant du grain
pressé entre les doigts et la saveur sucrée du raisin.
Si la maturité est extrême, il y a formation de rides
sur les graines.

Il appartient au viticulteur de choisir le moment
de la récolte, suivant les apparences de la saison,
le nombre de bras qu'il veut occuper et l'emploi de
son raisin. Le moment de la vendange n'est pas
toujours celui de la maturité absolue : les raisins de
table et les raisins pour vin se cueillent différem-
ment ; les viticulteurs des *graves rouges* de la
Gironde ne récoltent pas à la façon de ceux des
graves blanches; le Médoc n'a pas les usages de la
Saintonge ou de la Bourgogne.

Raison des divers modes de taille. — On dispose quelquefois les vignes en treille, ou en hautains,
au moyen d'échalas. D'autres fois, on les maintient
basses, à l'aide de piquets et de fils de fer, ou de
jeunes tiges de pin *(lattes)* placées bout à bout hori-
zontalement, comme le fil de fer, et soutenues par
les piquets *(carrassones)*. On les laisse ramper sur
le sol, etc. Des modes de taille différents accom-
pagnent chacun de ces systèmes ([1]). D'une façon

(1) La taille des arbres à fruit ne comporte pas de méthode générale.
Elle dépend de la nature de l'arbre. Ainsi, pour le pêcher, tout rameau

générale, pour obtenir beaucoup de la vigne, il est évident qu'il faut la livrer à son développement, — ne pas la contrarier dans ses tendances à grimper; — mais alors, les fruits privés de la réverbération du sol restent plus ou moins acides et plus ou moins gonflés de suc. C'est pour ce motif que les viticulteurs qui préfèrent la qualité à la quantité, rapprochent les branches de la terre, afin de réprimer la fougue ascensionnelle de la plante, et ne laissent sur le cep qu'un petit nombre de sarments.

Dans les vignes basses, on ménage généralement deux sarments de la campagne annuelle, qui sont taillés à huit ou dix nœuds et ployés en arc. Ce sont les *hastes* du Médoc. La sève, attirée par les bourgeons que porte ce vieux bois, se précipite moins vivement sur les jeunes rameaux partant du cep; et, contrariée par la direction de l'*haste,* elle tend à donner, sur celle-ci, des boutons à fruit.

L'ancienne *haste* est supprimée chaque année et cède la place à un nouveau sarment.

Avec des vignes peu fougueuses, on concentre la sève sur un nombre restreint de bourgeons, en laissant un seul sarment sur chacune des branches principales du cep, au nombre de 3 à 5 dans ce cas. On taille ensuite, en conservant un bourgeon sur le

qui a porté doit être enlevé : il n'y aura plus de bouton à fruit sur ce rameau; il faut toujours supprimer toute la branche à fleur ou à fruit et tailler court, au-dessus du bourgeon inférieur, etc. Le rameau d'un an porte du fruit. Chez le poirier, les bourgeons à fruit demeurent plusieurs années avant de se développer; il faut supprimer les extrémités des rameaux, pour renforcer les branches latérales, etc.

vieux bois et deux bourgeons sur le nouveau *(taille
à œil dormant)* (1).

Provignage. — Comme toute plante et toute
chose, la vigne vieillit et dépérit. Afin d'éviter les
renouvellements généraux, les viticulteurs usent du
provignage, pour le remplacement des pieds morts.
Le provignage consiste à coucher une *haste* venant de
la base du cep et à maintenir cette branche dans le
sol bien fumé, jusqu'à ce qu'elle ait pris racine.
L'haste devient dès lors un nouveau pied, que l'on
peut séparer de la souche mère, par une section
opérée au point de jonction. Tel est le mode le plus
simple de provigner.

Reconstitution par les vignes américaines. —
A côté de la décrépitude naturelle des végétaux,
s'ajoutent les maladies occasionnées par l'attaque
des insectes et l'envahissement des *moisissures*
(plantes cryptogames). Les vignes ne sont pas à
l'abri de ces fléaux ; les assauts qu'elles subissent,
depuis de nombreuses années, ont obligé les viticulteurs à donner une résistance plus grande aux vignobles, soit en forçant les engrais, soit en greffant un
cépage trop éprouvé dans le sol, mais de bon choix,
sur un cépage plus commun, mais souffrant patiem-
ment les attaques des envahisseurs du terrain.

Ce greffage (2), aidé de fortes fumures, *reconstitue*

(1) Le second bourgeon *(œil dormant)* ne se développe habituellement que lorsqu'un accident est arrivé aux deux autres.

(2) Le principe fondamental de la *greffe*, ou *ente*, consiste à mettre
en contact, en les préservant de l'action des agents extérieurs (air,
eau, etc.), les couches respectives du *sujet* (porte-greffe) et du *greffon*
(jeune branche greffée) dans lesquelles la végétation se produit avec

les vignobles, au point de vue de la production. Quant à la qualité des vins, l'avenir nous dévoilera ses secrets.

Les ceps greffés *(porte-greffes)* appartiennent, lorsqu'il s'agit de lutter contre le *Phylloxera,* à cette longue série de vignes d'importation américaine, dans laquelle comptent les variétés dites : *Clinton, Taylor, Vitis Solonis, York-Madeira, Jacquez, Herbemont, Cunningham, V. œstivalis, V. riparia, V. cordifolia,* etc. (¹).

Les *Riparia* et les *Solonis* sont d'excellents porte-greffes. Les *York-Madeira,* les *Jacquez,* les *Herbemont* sont, en outre, des producteurs directs : si l'ente ne réussit pas, ils fructifient eux-mêmes.

Gelée. — Le moment du développement des premiers bourgeons est aussi le premier moment critique de l'année vinicole. Si la température s'abaisse trop la nuit, par l'effet du rayonnement, les jeunes tiges se recouvrent, le matin, d'une *gelée blanche,* que l'arrivée du soleil dissipe rapidement, en entraînant la désorganisation des tissus.

L'effet du rayonnement nocturne est une perte de chaleur qu'éprouvent le sol, ainsi que les plantes. Sol et plantes envoient dans l'espace plus de rayons calorifiques qu'ils n'en reçoivent, puisque le soleil est couché : leur température s'abaisse, l'eau de l'atmosphère se condense en rosée sur les jeunes

toute sa force. Ces parties sont les couches extérieures *(couches séveuses, couches parenchymateuses(.*

(¹) Les cépages américains ont apporté, en Médoc, il y a vingt-cinq ans, l'oïdium, et ont continué leur rôle par l'introduction récente du *Mildew,* de l'*Anthracnose* et du *Black-rot.*

pousses et se congèle, pour peu que la température de l'air environnant se rapproche de 0° (¹).

Le rayonnement nocturne est d'autant plus grand, que l'air est plus calme et que le ciel est moins nuageux. On évite les effets désastreux de la gelée blanche qu'il occasionne, en abritant la vigne au moyen de *planchettes*, maintenues durant la nuit, sur des piquets, à quelques décimètres des jeunes branches, et plus pratiquement, dans la grande culture, en formant, au-dessus des vignobles, des *nuages artificiels*. Ces nuages s'obtiennent au moyen de bois légers, goudronnés, que l'on enflamme au moment critique, avant le lever du soleil, en tenant compte de la direction des vents (²).

Coulure. — Après avoir passé par les épreuves de la gelée, et plus ou moins par la bouche des insectes printaniers et du colimaçon, si la vigne a résisté, ou a été assez heureuse pour voir une seconde pousse se développer après la gelée, elle est sujette à la *coulure*, au moment de la floraison.

La coulure est produite par un excès d'humidité (pluies ou brouillards), qui lave la fleur et empêche la poussière fécondante (*pollen*), de se déposer sur

(¹) Le rayonnement nocturne produit facilement un abaissement de température de 5 degrés sur les corps, dans nos climats. Avec un air ambiant de 3 à 4°, la gelée est donc à craindre.

(²) Le procédé des *nuages artificiels* est coûteux, cependant il réussit très bien. La direction des vents, qui est le point principal à prévoir pour la disposition des feux, ne laisse pas autant d'incertitudes qu'on le pense généralement : chaque pays a ses vents réguliers, étant données la saison et les allures du temps ; des amas de matières inflammables peuvent ensuite être établis dans la direction très probable d'où soufflera le vent ; une entente préalable peut se faire entre les propriétaires d'une région, pour l'ensemble du service, etc.

le point central (*pistil*), où doit se nouer le fruit. Elle est encore plus fatale, en présence d'un ciel alternativement pluvieux et ensoleillé.

Il n'y a malheureusement pas de remède préventif contre la coulure.

Cryptogames envahissantes. — Les cryptogammes ne tardent pas non plus à envahir la vigne.

L'oïdium débute le premier, sous forme de petites taches blanchâtres, assez semblables à la poussière du chemin que le vent aurait déposée sur les feuilles et sur le bois. Ces taches prennent bientôt une teinte plus foncée; elles deviennent ensuite brunes et empêchent, par leur extension, le développement des jeunes grains attaqués, tandis qu'elles font éclater, en les enserrant, les grains plus avancés en maturité.

Le soufre, répandu en poussière sur les vignes, a donné d'excellents résultats dans le traitement de l'oïdium, et le fléau était presque oublié, lorsque de nouvelles cryptogames ont menacé tout à coup les vignobles.

L'*anthracnose*, qui se manifeste par des taches noires sur le bois, est un de ces fléaux auxquels on oppose les badigeonnages au sulfate de fer acide et les mélanges de soufre et de sulfate de fer.

Une cryptogame voisine de celle qui ravage la pomme de terre, s'empare des feuilles de la vigne, entraine en quelques semaines leur chute totale, et occasionne la dessiccation du raisin (¹); le *mildew* est

(¹) C'est une véritable asphyxie, car la respiration de la vigne est arrêtée par la perte des feuilles, au dos desquelles s'ouvrent surtout les organes respiratoires *(stomates)*. On nomme *Mildew* cette maladie, occasionnée par le *Peronospora vitis*.

aujourd'hui combattu radicalement, au moyen d'une dissolution de couperose bleue *(sulfate de cuivre)* précipitée par un lait de chaux (¹).

Le parasite cryptogamique qui cause le *black-rot* attaque, à la fois, le jeune bois et le limbe des feuilles, aussi bien que le raisin. A la surface des feuilles apparaissent des taches rousses, irrégulières mais un peu circulaires, qui tranchent sur le vert des parties voisines. Ces taches sont quelquefois nombreuses, sans jamais être très étendues ; elles sont visibles sur les deux faces de la feuille, et leurs contours sont bordés généralement d'une ligne fine, d'un brun foncé, pendant que leur surface montre de nombreux petits points disséminés, ressemblant à des grains de poudre.

Le *black-rot* trouve son remède, comme le mildew, dans les mélanges de vitriol bleu et de chaux, en poudre ou en bouillie.

Insectes nuisibles. — Ce serait aller trop loin

(¹) La *bouillie* dite *bordelaise*, connue de temps immémorial en Médoc, et jetée d'abord sur les vignes bordant les chemins, pour effrayer les maraudeurs, mais dont on n'avait pas reconnu les propriétés antiparasitaires, doit contenir 3 kilog. de sulfate de cuivre et un kilog. de *chaux éteinte*, par 100 ou 200 litres d'eau, suivant le besoin. Le sulfate de cuivre est dissous à part et additionné de la chaux mise en lait. (Voir chap. des *Éléments principaux du sol*, p. 14.) Les proportions de cuivre et de chaux sont souvent modifiées. Des insuccès en résultent. Nous avons conseillé, en 1885, d'ajouter à la bouillie ou aux hydrates de cuivre, sans chaux, 2 p. 100 de gélatine commune, dissoute à part, dans le but de maintenir les matières plus longtemps en suspension, et de leur donner de l'adhérence, lorsqu'elles tombent sur la feuille de la vigne.

L'*ammoniure de cuivre*, les poudres de sulfate de cuivre, de soufre et de chaux, etc., ont été conseillées pour remplacer la bouillie. Cette dernière est plus facilement maniable que l'*ammoniure*.

que d'ajouter, aux cryptogames envahissantes de la vigne, la description des nombreux insectes qui sont autant d'ennemis acharnés à la perte des vignobles français. Nous nous contenterons de citer, à la suite du *Phylloxera*, ce puceron originaire de l'Amérique du Nord, qui vit sur les racines et les épuise : l'*Altise*, le *Rynchite* (chèvre), ravageurs des premiers bourgeons ; la *Pyrale*, l'*Eumolpe (Gribouri, Ecrivain)* ; le *Cochylis de la grappe,* dont la chenille se montre au moment de la floraison, et enlace, dans le réseau de ses soies, les fleurs et les grains déjà formés, etc.

CHAPITRE XVIII

FERMENTATION

Fermentation. — La *fermentation chimique* est un ensemble de décompositions *(réactions)* qui s'opèrent, dans les matières organiques, sous l'influence de corps particuliers nommés *ferments,* ou levures, avec l'aide de l'air, de l'eau et d'une chaleur tempérée [1].

La fermentation transforme, par conséquent, les matières organiques en nouvelles substances.

Les ferments sont des corps organisés (plantes ou animaux), qui commencent leur travail de décomposition en présence de l'oxygène contenu dans l'air, mais qui le continuent sans ce concours, d'abord indispensable [2].

Fermentation du terreau. — Dès que les détritus animaux et végétaux sont tombés sur le sol, leur

[1] 20 à 28° centigrades sont les meilleures conditions. Lorsqu'il s'agit du vin, il faut chercher à obtenir cette température par des moyens factices, si la saison s'en éloigne trop, dans un sens comme dans l'autre. Le minimum est 18°, le maximum 32. Le cellier où sont placées les cuves doit pouvoir se ventiler, ou se fermer, à volonté, et pouvoir être rafraîchi, ou réchauffé.

[2] Les ferments qui agissent sans le secours de l'air *(anaérobies)* sont très rares et leur histoire est encore obscure. Les autres sont mieux connus : tels sont le petit champignon du vinaigre *(M. aceti),* la petite algue de la bière *(Cryptococcus cerevisiæ),* etc. On les nomme souvent *levures,* parce que les gaz qu'ils développent soulèvent les matières en fermentation.

décomposition ne tarde pas à commencer, pourvu que le milieu dans lequel ils se trouvent soit humide et tiède. Alors les matières animales se transforment en sels ammoniacaux, la fibre du bois et l'amidon des feuilles et des graines deviennent des corps sucrés, etc.

Une fermentation prolongée échauffe fortement la masse du terreau et produit, par de nouvelles décompositions, du gaz acide carbonique et de l'ammoniaque gazeuse.

Plus tard arrive, si le terreau n'est pas rafraîchi, un échauffement plus considérable, qui peut amener l'inflammation spontanée des matières, et qui est, au moins, accompagné d'un dégagement de gaz infects (*hydrogène sulfuré, hydrogène phosphoré, etc.*).

Fermentation des foins et des fumiers. — Ce dernier degré de décomposition, qui constitue la *fermentation putride (putréfaction)*, est très rare dans le terreau, mais assez fréquent dans les foins rentrés étant encore humides, et dans les fumiers de ferme lorsque ces engrais ne sont pas surveillés. Il provoque souvent l'incendie.

La putréfaction se traduit toujours par une perte de principes gazeux, qui appauvrit la masse, en même temps que se développent, par une trop grande perte d'eau, des champignons (*blanc du fumier*) très nuisibles, tant au fumier qu'aux récoltes venues au moyen de cet engrais.

Fermentation du linge, etc. — Le linge souillé entre, lui aussi, en fermentation, comme le foin et les fumiers. Bien que les effets de la désorganisation soient toujours moins apparents dans les ménages, il arrive parfois qu'ils sont assez accentués, dans l'industrie et dans les arts, pour conduire encore aux phénomènes de la combustion spontanée. Fréquemment, des dépôts de chiffons s'enflamment, sans que personne y ait mis le feu, et les vieilles étoupes qui ont servi à essuyer les pièces huilées, dans les ateliers de machines à vapeur, prennent feu, au moment où on les jette par terre.

Dans les ménages mal dirigés, la fermentation se borne à laisser, sur le linge, des taches brunes, que l'on enlève difficilement, parce que la *cellulose*, qui forme les fibres textiles des draps, des serviettes et du linge de corps, a été fortement altérée. A plus forte raison, la fermentation exercera-t-elle des ravages, si elle se produit au milieu des lainages, fabriqués, comme on ne l'ignore pas, avec de la laine et du poil des animaux herbivores.

La fermentation du linge et des lainages est très complexe, en raison des nombreuses matières qui souillent les objets, matières dont chacune a son genre de décomposition spécial. Comme cette fermentation est lente à se produire, on l'évite facilement en débarrassant les tissus de toutes les impuretés qu'ils ont reçues. Ce nettoiement s'opère par de simples lavages, pour les corps solubles dans l'eau (sucre, miel, gomme, etc.) ou qui peuvent se délayer dans ce liquide (pâtes de farine, etc.). On emploie le savon pour enlever les corps gras et on procède encore mieux, au moyen du lessivage. Le *savonnage* n'est, d'ailleurs, qu'une opération préparatoire pour attendre le *lessivage*, lorsqu'il s'agit du linge sale de table, ou de pièces de toilette trop souillées.

Le lessivage consiste à mettre en contact avec les corps

gras, qui sont insolubles par eux-mêmes dans l'eau, des sels alcalins en dissolution étendue. Ces sels, agissant sur les matières grasses, forment un savon soluble, que le *rinçage* à l'eau claire enlève, et débarrassent ainsi le linge, sans attaquer la fibre textile.

Les sels alcalins nécessaires à l'opération se trouvent dans les cendres de bois, particulièrement dans celles qui sont riches en alcalis (potasse et soude), comme les cendres de sarment de vigne. On remplace souvent les cendres alcalines, par des produits industriels, qui donnent un résultat identique, mais qu'il faut savoir employer en quantité convenable, pour éviter d'attaquer le tissu du linge. Le sel alcalin industriel le plus usité dans le blanchiment du linge, et celui que l'on peut le mieux manier, est le carbonate neutre de soude (*cristal de soude, cristaux de soude, cristaux*).

Les taches produites sur les objets blancs, par les matières colorantes des fruits, du vin rouge, etc., disparaissent à l'aide d'une légère application de *chlorure de chaux* sur le point maculé. La *rouille* est enlevée par le *sel d'oseille*. L'ammoniaque débarrasse aussi les vêtements des corps gras qui les tachent, parce qu'il forme avec eux une combinaison savonneuse.

Toutes ces substances doivent s'employer avec de grands ménagements.

Fermentation panaire. — Nous devons aussi le pain à une fermentation. Le ferment, qui s'appelle plus particulièrement ici *levain,* est obtenu, une première fois, au moyen de la *levure de bière,* ajoutée à la pâte de farine destinée à fabriquer le pain. Une partie de cette première pâte est mise de côté; elle fermente pendant la journée et la nuit, et se transforme en *levain,* qui sert à la fabrication panaire du lendemain. Ainsi de suite.

Dans cette fermentation, la petite quantité de

sucre que renferment les graines de céréales moulues est transformée en acide carbonique, qui gonfle la pâte et la rend poreuse, et en alcool, que la chaleur du four expulse. C'est une *fermentation alcoolique* réduite.

Fermentation alcoolique. — Nous passerons sous silence nombre d'autres genres de fermentation, pour arriver rapidement à cette dernière, et à la *fermentation acétique*, qui nous intéressent plus particulièrement.

Lorsque les ferments agissent sur des sucs sucrés (*moût de raisin, moût de bière, mélasse, moût de pommes,* etc.), ils renouvellent, sur une grande échelle, les phénomènes de la fermentation panaire, et on se trouve en présence de la véritable *fermentation alcoolique*.

Les produits principaux de la réaction sont l'acide carbonique et l'alcool, à côté desquels apparaissent des composés, chargés de donner du moelleux et du *bouquet* aux vins et aux eaux-de-vie de table. L'acide carbonique se dégage dans l'atmosphère. L'alcool, en grande partie conservé, fait la force du liquide. La *glycérine* donne l'onctuosité et graisse l'intérieur des verres dans lesquels on agite la liqueur par un mouvement giratoire. Le bouquet résulte de la formation de certains éthers, etc.

Fermentation acétique. — Si la fermentation alcoolique se prolonge au contact de l'air, et en présence des matières organiques mises en traitement, la production de l'acide acétique *(vinaigre)* survient, et on passe à la *fermentation acétique,* résultat d'une oxydation lente, opérée par un nouveau ferment qui s'empare de l'oxygène de l'air et porte cet oxygène sur l'alcool, en rendant cet alcool acide.

Vin. — Nous avons beaucoup plus à raisonner sur les procédés employés pour obtenir le vin, qu'à rappeler telle ou telle méthode de récolte du raisin, usitée suivant les contrées.

Pour donner un *moût* avantageux, le raisin doit être entièrement mûr, de la pellicule aux pépins ([1]); le goût est le meilleur juge dans la question. Cette question de maturité, d'où résulte la douceur du fruit et, par suite, l'abondance du sucre qui doit donner l'alcool, explique le soin que les viticulteurs apportent dans le triage du raisin, et l'élimination des grappes incomplètement mûres; car le raisin encore à l'état de *demi-verjus* est acide et impropre à une bonne vinification.

L'enlèvement des pédoncules du raisin (*rafle, râpe)*, qui est en usage dans beaucoup de pays, a pour objet de donner moins d'âpreté au vin. La rafle est très riche en principes astringents (tannin). Lorsque le moût est franchement sucré, l'alcool est assez abondant, pour enlever à la peau des graines de raisin et aux pépins le tannin indispensable à la bonne conservation du vin. L'égrappage a ainsi sa raison d'être, pour la fabrication des produits fins; il ne doit pas être pratiqué, lorsqu'il s'agit de vins, de qualité secondaire, peu alcooliques, ou qui

---

([1]) Nous ne parlons que de la quantité et non de la qualité. Il est reconnu que beaucoup d'excellents vins n'exigent pas une maturité trop avancée du raisin.

ont besoin de beaucoup de tannin, tels que certains vins blancs.

L'astringence que donne le tannin se constate facilement dans la dégustation des vins de presse, et on comprend la raison qui fait souvent conserver à part ces seconds produits, dans lesquels les pellicules et les pépins, fortement exprimés, ont abandonné le liquide âpre dont ils étaient imbibés.

Une pratique que l'on ne rencontre pas partout, est encore le *foulage* du raisin *dérâpé*. Les travaux de la chimie moderne démontrent que le foulage n'est pas absolument nécessaire, pour que la fermentation s'opère dans les meilleures conditions possibles ; cependant, il peut donner de la couleur au vin.

Le cuvage du moût est peut-être la plus variable des opérations vinicoles, tandis qu'elle devrait être la plus uniforme.

On ne craint pas quelquefois, de recueillir le moût dans des *cuves de pierre* et de faire retomber dans le vin, le *chapeau*, soulevé par la fermentation, lorsque celle-ci se ralentit ([1]). Pareille méthode n'est applicable qu'à des vins très inférieurs, qui trouvent dans le carbonate de chaux de la *cuve* le moyen de saturer leur acidité.

Les cuves en bon bois de chêne, de qualité supé-

([1]) On lit même dans de grands ouvrages, que des hommes descendent dans la cuve pour brasser le marc. L'acte est d'une imprudence inouïe. Descendre dans une cuve, le vaisseau serait-il peu profond, peut entraîner l'asphyxie immédiate des malheureux ouvriers. On ne doit jamais pénétrer dans une cuve, sans s'être assuré qu'une bougie allumée ne s'y éteint pas, et sans s'être fait attacher par la ceinture, à une bonne corde, afin que les camarades puissent opérer le sauvetage, en cas de danger.

rieure, à douelles solidement maintenues par des cercles de fer, sont heureusement beaucoup plus usitées que les autres. La question importante est, ici, de savoir si le vaisseau vinaire doit être fermé par en haut, lorsqu'il est chargé, ou si son ouverture supérieure doit rester ouverte durant le travail du moût. Depuis un quart de siècle, la cuve fermée tend à remplacer la cuve ouverte. On laisse sur sa fonçure supérieure une ouverture à trappe, destinée au passage de la vendange, et on ménage plus loin un trou, muni d'un tube en siphon, par lequel s'é-chapperont les gaz issus de la fermentation; puis on assujettit la trappe, aussitôt après le chargement, et on coule du plâtre sur la fonçure, de manière à empêcher l'accès de l'air dans la vendange.

La vieille méthode consiste, au contraire, à recouvrir la vendange en cuve, en formant simplement au-dessus d'elle, un *chapeau de râpe*, qu'augmenteront bientôt en épaisseur les pellicules et les pépins, soulevés par le dégagement d'acide carbonique.

Pour comprendre la différence des procédés, il est utile de se rappeler : 1° que la fermentation se passe d'air, une fois qu'elle est en marche; 2° que le contact prolongé de l'air transforme en acide acétique *(vinaigre)* l'alcool engagé au milieu des masses poreuses, comme les *marcs* frais.

Or, le cuvage en vaisseau clos se fait à l'abri de l'air, parce que le travail du moût, déjà commencé avant la fermeture de la trappe, remplit d'acide carbonique la partie supérieure de la cuve et chasse avec l'acide, les dernières parties d'air, tandis que le tube en siphon, dont la branche libre plonge dans un seau rempli d'eau, permet bien à tous les gaz de sortir, mais ne permet à aucun de rentrer. Il n'y a donc plus aucune crainte de voir la partie supérieure de la vendange *(le chapeau)* tourner à l'acidité, et le moment du *décuvage* n'est plus à surveiller de jour et de nuit ; le chapeau peut s'affaisser après la fin du travail, sans donner d'inquiétude, car le vin ne peut, à son contact, que se renforcer en couleur. On peut presser les marcs sans en rejeter la partie supérieure, comme on est obligé d'opérer dans le système de la cuve ouverte. Enfin, la déperdition d'alcool et de principes aromatiques est très sensiblement diminuée (1).

Le moment de l'*écoulage* (décuvage) est indiqué par la cessation du dégagement d'acide carbonique, et par le *gleucomètre,* lorsque l'instrument marque 0°.

D'ailleurs, le gleucomètre est aujourd'hui généralement répandu, et on ne se contente plus de l'affaissement du chapeau, qui était, avec la dégustation, les indices utilisés dans le système de la cuve ouverte.

(1) Nous avons obtenu *un degré* quatre centièmes d'alcool de plus, avec le système Mimard, qui consiste à ramener, dans la cuve, tous les produits alcooliques, en laissant échapper au dehors l'acide carbonique. (Expériences comparatives faites, en 1867, au Château-Lafite, sur deux cuves, l'une à simple fonçure, l'autre à appareil Mimard). Avec des cuves totalement ouvertes, la perte d'alcool est beaucoup plus sensible qu'on ne le pense.

Il convient aussi que la cuve soit chargée dans la journée, pour que le travail de la fermentation ne soit pas troublé, peu importe le mode de cuvage adopté.

Vins mousseux, etc. — La fabrication des vins mousseux, si perfectionnée en Champagne, est le résultat d'une seconde fermentation, qui s'opère dans la bouteille même, à la faveur d'une addition de sirop de sucre candi (*liqueur*). Comme les raisins employés sont noirs, en général, la pellicule du raisin n'est pas mise dans la cuve.

Les vins sucrés préparés en Italie, en Espagne et dans le midi de la France, ne sont souvent que des liqueurs obtenues avec des moûts en partie concentrés au feu.

Vins de sucre. — La pénurie des récoltes, durant les dernières années qui viennent de s'écouler, a porté de nombreux viticulteurs à fabriquer des vins de ménage, au moyen de marcs non pressés, additionnés de matières sucrées. Le petit commerce n'a pas tardé à rechercher ces vins, lesquels, bien préparés, constituent, en réalité, une excellente boisson, presque aussi hygiénique que le vin, et supérieure, par conséquent, aux mélanges frelatés qui se débitent journellement sous ce nom, au détriment de la santé publique.

A la condition expresse d'être vendu sous une désignation qui indique nettement sa fabrication, le *vin de sucre* peut et doit rentrer dans le commerce. Toute dissimulation est une tromperie justiciable de la conscience et des tribunaux; comme toute vente loyale apporte un bénéfice honnête au cultivateur et rend service à la classe nécessiteuse, par la diffusion d'une boisson parfaite et à bon marché.

Il est probable que l'abondance de l'année 1888 ne fera pas cesser la fabrication des vins de sucre et que la confection des piquettes sera de plus en plus remplacée par les produits d'un second cuvage. Nous devons donc ne pas négliger la question des vins de sucre, d'autant mieux qu'elle est à ses débuts pratiques, dans le sud-ouest de la France.

Deux cas principaux sont à considérer dans cette fabrication :

1° L'addition de sucre à une vendange maigre, incomplètement mûre, dont le vin pécherait, sans cela, par défaut d'alcool ;

2° La préparation du vin au moyen des marcs cuvés, additionnés de sucre.

Dans le premier cas, il est indispensable d'exprimer quelques kilogrammes de raisin, pour obtenir un moût qui servira de guide, dans l'appréciation du poids de sucre qu'il faut mêler à la vendange [1]. On foulera le raisin et on n'y ajoutera ni tannin, ni acide tartrique.

Dans le second cas, le poids du sucre sera déterminé par la quantité d'eau ajoutée aux marcs. L'addition de râpe et d'acide tartrique deviendra fort souvent utile.

Le poids exact de matière sucrée, nécessaire par hectolitre de moût, ou d'eau, pour obtenir un degré d'alcool, est de *quinze cent cinquante-cinq grammes* (1^k555), lorsque l'on emploie le sucre blanc (ce qui est toujours le meilleur moyen d'opérer), et de *seize cent trente-trois grammes* (1^k633) lorsque l'on se sert de *glucose* très sec (sucres retirés de l'amidon, du maïs, etc.). Il est préférable, dans la pratique rurale, de prendre des chiffres un peu plus élevés,

---

[1] On obtient, approximativement, le degré d'alcool que marquera le vin, en déduisant $1°5$ du nombre donné par le gleucomètre.

qui diminuent les pertes et les chances d'erreurs inévitables, dues à l'impureté des substances et qui tempèrent la rigueur de la théorie. Nous pensons qu'eu égard au minime surcroît de dépense qu'entraînera l'achat des sucres, on agira sagement en employant de 1ᵏ600 à 2 kilogrammes de matière par hectolitre et par degré voulu (¹).

Bière. — La bière a pris une telle place, en France, dans l'alimentation, que nous ne pouvons passer complètement sa fabrication sous silence.

Son ferment, appelé *levure de bière,* est sous forme de boue écumeuse, parsemée de grumeaux et répandant une odeur caractéristique. Il provient de petits globules féculents, qui se trouvent dans la pellicule du grain d'orge.

La fabrication de la bière exige, d'un côté, de l'orge, ou une céréale, que l'on fait germer, pour arriver à transformer l'amidon en sucre; de l'autre, des cônes de houblon, destinés à aromatiser la boisson.

(¹) L'alcool est calculé, dans les liquides fermentés, d'après le volume et non d'après le poids. 1 kilogramme de sucre de canne, par exemple, donnant, théoriquement, 511 grammes d'alcool, ou 500 grammes en nombre rond (pour tenir compte de la formation des produits accessoires, la glycérine et autres corps), on voit qu'il faut 2 kilogrammes de sucre pour donner 1 kilogramme d'alcool à 100 litres de moût, soit 10 grammes par litre. Mais comme 1 centimètre cube d'alcool, au lieu de peser 1 gramme, n'accuse à la balance qu'un poids de 0ᵍʳ79 à la température normale de + 15 degrés centigrades, qui est celle à laquelle on ramène le calcul, il en résulte que l'alcool produit par 1 kilogramme de sucre donne *un degré,* non pas à 100 litres, mais à 126 litres. Il faut donc moins de sucre, en se préoccupant du volume qu'en établissant les doses d'après le poids. Néanmoins le calcul en poids est plus simple et s'éloigne moins de la réalité, parce que l'excès de sucre employé compense les pertes d'alcool dans la fabrication.

L'orge est placée dans des cuves et tenue sous l'eau, jusqu'à ce que le grain s'écrase sous les doigts. De la cuve, elle est portée au *germoir*. Lorsque les germes se dessinent nettement, on arrête leur plus grand développement en séchant le *malt* (*orge germée*), qui est ensuite débarrassé de toutes les pousses naissantes (*touraillons*).

Le *malt* contient, dès ce moment, la matière qui doit changer l'amidon en sucre, par une suite de transformations chimiques. Ce malt, réduit en farine grossière, subit des macérations et des brassages dans l'eau chaude, et finit par donner une liqueur sucrée (*moût*). Le *moût*, décanté, concentré et additionné de houblon, au moment où il bout ; puis soutiré, rapidement refroidi, et porté dans la cuve à fermentation (*guilloire*), donne la bière, sous l'influence de la levure qu'on lui a ajoutée.

Vins et bière sont donc deux liquides résultant d'une fermentation alcoolique.

Alcools, etc. — L'*alcool* ou *trois-six*, le *cognac*, le *rhum*, le *kirsch*, etc., sont des produits que l'on retire de divers liquides ayant subi la fermentation alcoolique. L'alcool et le cognac sortent de la distillation du vin (ou des moûts de pommes de terre, de grains fermentés), le rhum provient des mélasses fermentées ; le kirschwasser sort du moût de merises, etc.

Maladies des liquides fermentés. — Nous avons vu l'alcool passer à l'acide acétique (*vinaigre*), à plus forte raison les liquides alcooliques moins riches que lui, sont-ils accessibles à diverses maladies.

Le vin, en particulier, est sujet à l'*acidité* ; à la *pousse* (fermentation secondaire qui le rend amer) ; à la perte de son tartre, qui se change en carbonate et produit l'*alcalinité* (¹); au *goût de fût*, encore occasionné par des moisissures contenues dans les futailles; à l'*efflorescence*, etc. Les vins blancs tournent à la graisse (deviennent filants) par manque de tannin, etc. C'est afin de prévenir l'acidité dans la barrique, que se fait le remplissage, dit *ouillage*. Pour prévenir les fermentations secondaires, on soutire les vins (*soutirage*). Divers autres soins ne sont pas moins utiles, pour assurer la conservation du liquide; de ce nombre sont l'échaudage des barriques neuves, le rinçage des barriques et de la cuve, en employant du trois-six de bonne qualité.

Soufrage des tonneaux. — On obvie au développement des moisissures, en faisant brûler des mèches soufrées, à l'intérieur des futailles destinées à recevoir le vin, la bière, le cidre, le poiré. Le dégagement des vapeurs produites par la combustion du soufre, forme un milieu impropre à l'existence de ces organismes et arrête immédiatement le mal... L'opération se nomme *soufrage*, ou *mutage*. Il est bon de la faire précéder de l'expulsion du vieil air confiné dans les futailles, ce à quoi l'on parvient facilement, au moyen d'un soufflet de tonnelier portant une longue douille. Il faut considérer aussi que les vapeurs sulfureuses tendent à décolorer les substances avec lesquelles elles se trouvent en contact et qu'un vin rouge peu foncé subirait une nouvelle perte de couleur.

Chauffage des vins. — Nous terminerons ce

______

(¹) C'est un des effets du *Mildew*.

chapitre, par le rappel de l'une de ces importantes découvertes scientifiques, que la seconde moitié du xixe siècle se plaît à lancer sous nos pas, comme si elle voulait nous expliquer l'obscurité du passé et nous faire entrevoir, dans ses élans de vérité, les éblouissantes clartés de l'avenir.

Toutes les fermentations, nous l'avons dit, ont pour cause la présence de germes vivants (animaux ou végétaux), transportés au milieu des matières organiques (matières qui ont fait, ou font partie, d'un corps animal, ou d'une plante).

L'air et l'eau sont les deux grands agents de transport de ces germes [1], qui occasionnent la fermentation en se développant, lorsque le milieu qui les a reçus leur est favorable.

Chaque espèce de germe demande son milieu, de même façon que les animaux et les plantes demandent un climat particulier, une nourriture appropriée et un terrain spécial.

Aucun de ces germes ne résiste à une température de 110 degrés centigrades, soutenue durant dix minutes. Presque tous sont plus ou moins paralysés au delà de 40 degrés de température.

Ces faits, entrevus par Appert, il y a soixante ans, sont devenus incontestables, depuis les travaux immortels de M. Pasteur. Les matières les plus putrescibles, le sang, l'urine, le pus, reçus dans des ballons

[1] La démonstration de la présence des matières en suspension dans l'air s'opère en laissant pénétrer un rayon de soleil dans une chambre obscure, ou à demi-obscure; on aperçoit, immédiatement, un tourbillon de poussière roulant dans la partie éclairée.

stérilisés (privés de germes par une élévation de température de 110° à 120°), se conservent indéfiniment dans leur état primitif; et toute substance contenue en vase clos, chauffée à cette température, ne fermente plus, ou cesse de fermenter.

L'application de la chaleur à la conservation des sucs sucrés, en bouteille, faite vers 1823, par Appert, est la base raisonnée de l'industrie actuelle des conserves alimentaires, et M. Pasteur, en expliquant les faits et en paralysant les ferments par le procédé du *chauffage* des futailles pleines, à une température relativement assez basse de 50 à 60°, sauve chaque année des millions d'hectolitres de vin, de bière et de liquides analogues, que les ferments auraient rendus impropres à la consommation.

TABLE DES CHAPITRES

TABLE DES MATIÈRES

DU MÊME AUTEUR

Agriculture et Botanique appliquée.

La Campagne, journ. d'agric. théor. et prat., 1864-1867, in-8° (avec planches).
Aperçu général sur les cryptogames, au point de vue agricole, 1858, in-8°.
De la Transformation gratuite des variétés en espèces, 1860, in-8°.
Les Poils de la digitale et ceux de diverses plantes, 1880, in-8°.

Chimie.

Action de l'argent métallique sur le citrate ferrique, 1862, in-8°.
Note sur le lait iodé, 1864, in-8°.
Recherches sur l'urine humaine, 1868, in-8°.
Essai sur les Œuvres de Couerbe, 1869, in-8°.
Action de l'eau sur le principe résinoïde de l'opium, 1872, in-8°.
Recherches sur les eaux de Pauillac (Gironde), 1876, in-8°.
Différenciation des alcaloïdes toxiques, 1879, in-8°.

Géologie pure ou appliquée.

Question d'hygiène et de thérapeutique, au sujet de l'alios des Landes, 1864, in-8°.
Roches et formations rocheuses contemporaines, 1882, gd in-8°.

Zoologie comparée.

Du Sang, au point de vue de l'expertise judiciaire, 1878, gd in-8° (avec planches).
Note histologique sur la cantharide, 1880, in-8°.
Cellules, fibres et tissus, 1882, in-8°.
Les Os, 1883, in-8°.
Le Squelette axial, 1883, in-8°.
Divers modes de reproduction, 1883, in-8°.
Œuf et embryon, 1884, in-8°.
Protozoaires, 1884, in-8°.
Infusoires, 1884, in-8°.
Actinozoaires, 1884, in-8°.
Corallaires, 1885, in-8°.
Polypoméduses, 1885, in-8°.
Poissons, 1885, in-8°.

EN COLLABORATION

Histoire naturelle générale.

Les Fonds de la mer, étude sur les particularités nouvelles des régions sous-marines, par MM. DE FOLIN et L. PÉRIER, de la Commission française des dragages sous-marins, avec le concours de plusieurs naturalistes français ou étrangers. — Tome , in-8° (avec 32 pl.); — tome II, in-8° (avec 11 pl.); — tome III, in-8° (avec 9 pl.); — tome IV, in-8° (avec 13 pl.).

Bordeaux. — Imp. G. GOUNOUILHOU, rue Guirande, 11.